U0071917

Perfection Guide

完美事業經營聖典

完美女人在美容業找到一生的成就

完美主義經營團隊◎編著
范申樺◎主編

（下冊）

推薦序

一本打造創意經營的好書

A great book which managed in creation.

新力（Sony）創辦人井深大，是世界知名創造型企業家，他的一生是由一連串精采創新商品累積而來。從袖珍電晶體收音機、Brtamax錄放影機、隨身聽，再到迷你可錄式CD（MD），都是由他一手主導。他給予世人最大啓示是：「儘可能放手去做，做你認爲眞正創意的事。」

美容業絕對稱得上是具有創意的事業，不單純只是肌膚保養、美感常識，還涉及設計學、消費心理學、心靈學、企業管理等專業領域，這種從單一學科衍生至多元化知識的模式，基本上就已屬創意企業，遑論深入到身、心、靈三者合一的美靈天地，更必須具備十足創意。

坊間以「肌膚保養」爲主要內容的美容出版品不在少數，但是以「經營美容事業」的專書卻屈指可數。我與完美主義美妍館的總經理趙瑞小姐是多年的好友，亦曾在她經營的公司教授激勵、人際關係、顧客滿意等課程。很高興看到「完美主義美妍館」能夠以無私胸懷，將累積數年來的美容經營實務經驗，佐以國外美容專書內容，整編成這本極具閱讀價值的美容經營專書。

《完美事業經營聖典──完美女人在美容業找到一生的成就》一書，提供的不只是美容新世紀的新美容觀，還教導有心在美容業耕耘的可人兒，如何能在美容業找到一份完美事業的成就。這是一本既務實，又具創意的專書，值得您一讀再讀，成爲經營好幫手。

國際企管名師　Tracy

追求完美，成就美麗

台灣經濟成長雖已呈現停滯甚至走下坡的趨勢，但是在服務業卻未見同等衰退現象。反之，更蓬勃發展。女性主義的高張，過往對於家庭極度付出的傳統女性，漸漸褪去包袱，迎向呵護自我展現魅力的新潮流，使得與女性相關之各種產業蓬勃發展，尤爲女子美容業更是近年來發展最迅速的女性產業，而其中當然包含瘦身、美體、美胸等等女性專業服務內容。配合週休二日的推行，休閒、旅遊已漸成生活規劃重心；高齡化社會的發展，健康、養生已爲不容忽視之焦點。「身心靈快樂平衡就是一種美」的精神，強調的是健康平衡、減壓放鬆、回歸自然、活力再生，代表著21世紀「美容休閒」未來趨勢。爲此，完美主義美妍館努力創造迴然不同的休閒風、完美的服務品質以期達成獨特的美容休閒精神，爲美容界的標竿。

本書不只讓讀者吸取到由完美主義累積多年的美容業經營心得，以開拓人生的新頁。並以淺顯的文字讓讀者認識「完美主義」成功經驗的點滴，深入淺出剖析建立良好專業素質的健康美容休閒事業，除了專業技術、精進的軟硬體設備外，更需要擁有優質的管理、創意的行銷等各要素。「完美主義」創造無數的完美女人，並樂在其中，這就是永續經營的原動力。

認識完美主義主事者已有數十載，我亦伴著同樣的服務熱忱寧爲美容界獻身。喜見完美主義美妍館遍布台灣，如今更將事業觸角延伸至中國市場。更令人雀躍的是主事者，願翔實呈現事業經營的完美結晶，這是美容界之幸！企盼與各位分享……

安婕妤美容事業　董事長

翁子婷

春燕啣來一本美容聖典

在千禧年的前夕，我在同業的鼓勵與支持下，接下了台北市女子美容商業同業公會的擔子，就一直期許美容業能邁向學術化、國際化。而學術化則必須有著作。著作也許是高難度的期待，但欣喜的是我們引頸期盼的春燕已經飛來了，這隻春燕就是《完美事業經營聖典——完美女人在美容事業找到一生的成就》一書的出版問世。

看過本書的初稿，令人讚歎不已。坊間有關經營管理的書可說是琳琅滿目，然專爲美容所寫的經營智庫之書在此之前卻是付之闕如。本書的出版應算是首開美容界風氣之先，期待本書能帶來同業間的熱烈迴響。本書以學術的宏觀角度切入再論及經營管理實務，而特別在談及如何做一位優質的領導者，以及人性的管理以留住好人才等等，都相當契合二十一世紀新經濟時代的企業經營觀。

《完美事業經營聖典——完美女人在美容事業找到一生的成就》的出版問世，正給予有意從事美容業的人一道入門指引。而對現職的美容從業人員而言，也是一本非常有價值參考觀摩的實用聖典，畢竟他山之石可以攻錯。

台北市女子美容商業同業公會　理事長

施建國

加入美容界必讀好書

專注於美容界這非常女人的專業領域裡，我非常知道在《完美事業經營聖典——完美女人在美容事業找到一生的成就》這本書出版之前，在台灣確實是沒有一本教人家如何經營美容沙龍的Know-How書，雖然市面有著一大蘿筐教人家如何保養、瘦身、豐胸變美麗的書。誠如這本書的副標，它眞的是「完美女人在美容事業找到一生的成就」，堪稱是美容界空前之創舉。

在與完美主義經營團隊的接觸瞭解後，我們雜誌非常有自信可以做好本書的出版行銷工作。而我們在雙方的溝通中，也深覺本書眞的是專爲以下三種美容專業人士所規劃的。一是對目前事業生涯不滿意，想突破現狀準備投入美容業的妳，此書可以讓妳習得美容專業職能而成就完美人生。二是現職的美容從業人員，透過此書充實自我，當作在職訓練的最佳聖典，有效精進妳的美容專業。三是想改變命運現實，此書將可爲妳進入美容專業領域，預先奠下成功的基礎。

而完美主義經營團隊，用十四年認眞經營了近百家美容連鎖店的成功經驗所編著而成的這本書，不論在談及開店、財務管理、市場觀測、服務品質、領導、店務人事、行銷廣告等等各方面，都有非常獨到專業的見解，將足以引領妳以新世紀新美容觀，成就最完美的美容事業人生。

世界專業美容雜誌社　社長　張牟言

美麗的散播者、學習、擁有、熱愛、奉獻

技術的卓越在於專業知識，再加上智慧與不斷的練習以實踐理論。「美容」是一個在技術或理論上，都需要相當專業才會成功的一個行業。簡言之，美容是一個專業行業，成功絕不是偶然。而美容的專業技術更不是一年半載可及的。

知道《完美事業經營聖典——完美女人在美容事業找到一生的成就》這本書要出版時我就相當的支持。因為我已見識過「完美主義美妍館」整個公司的體系，從營業部、企劃行銷、教學組織等等，這本書個人覺得是非常值得美容界與教育界觀摩與啓迪的一本絕妙好書。

「美」是一種智慧的開啓，也是一種生活的藝術，更是醫學美容的一大學問。不論你生活在那個國度那個階層，能在生活中保持身心的平衡，讓感性與理智和諧共處、讓IQ適切展現人生眞善美，將不再是海市蜃樓，而是垂手可得矣！

而如何規劃自己的人生，以習得一技之長地認眞工作、認眞生活、認眞做一個內外兼修的人。美容這行業，是值得自許認眞的女人投入的一生志業。期望此書能帶給有心進入美容業的人，一份美的經營理念與優質技術的傳承，也給從事美的事業經營者及教育學術界一個絕佳的觀摩機會。盼望各界能惠予採用！「自信的人，擁有世界。美夢要想，才會成眞」。

苗栗縣大成高級中學　美容科

知識分享，持續創新──序「完美是個好主意」

知識經濟時代來臨，「知識」成爲事業經營的關鍵元素，也是利潤增長的重要資源，誰擁有該行業的核心知識與訣竅（Know-How），誰即具有競爭優勢；資訊科技業如此，銀行保險業如此，傳統美容服務業亦復如此。

知識必須有系統地加以整理、儲存、轉移與創新應用，才能在「衡外情、量己力」之下，擬訂有效的營運策略與持續行動方案，建構出成功的獲利模式，這整個過程稱爲「知識學習」。所謂的知識學習包含了下列主要活動：

第一階段：由外顯到明白（教學→培訓指引）
第二階段：由明白到領悟（培訓→教練實作）
第三階段：由領悟到默會（教練→系統內化）
第四階段：由默會到外顯（系統→改善突破）

上述四大階段，環環相扣，生生不息，終可修鍊出萬金難買的核心競爭優勢。個人從事管理顧問十餘年，也在大學EMBA課程中擔任教席，事實上也就是在知識的叢林中，披荊斬棘以啓山林，冀盼協助國內業者體質強化，經營轉型與升級。

欣見「完美主義」諸管理者願意將十數年苦修精鍊的經營秘笈，公諸於世，不僅令人敬佩其無私的奉獻，而且也爲國內外美容業界感到慶幸，終於有一套可資參考的葵花寶典，可以在事業經營過程中減少沒必要的摸索、誤區與岐途。

站在知識分享與創新的觀點，樂見此本書成功出版，期能人手一冊，洛陽紙貴。是爲序。

大學教授，知名管理顧問專家

CONTENT

導讀

A跟美容法規打交道

開一家美容店，從設定初期的規劃、申請執照到完成設立，以至於正常營運，都要遵守商業、衛生、安全各方面的相關法規。本篇為您彙編出其中的精華，幫助你快速掌握重點，熟悉美容相關法規，實現美麗理想順利開店，同時也給員工一個安心的工作環境。

B優質領導的魅力

優質的領導是推動員工群策群力向一致目標前進的最好方式！從領袖特質的充實、人際關係的協調、如何激勵員工，到開一個成功的會議，這些都是成為一位優質領導者所需學習的功課。

C做一位稱職店長

經營好一家美容店，除了作好對外的行銷外，對內的管理也是很重要的。主管與部屬相處之道的基本功，為你與屬下營造出和諧愉快的職場人際關係，以及店務規劃的大大小小事………在在將讓妳成就一位稱職的店長。

D淺談中國美容業現況

中國加入WTO的時代潮流將會給中國美容業帶來怎樣的衝擊？

中國美容業在面對國際競爭危機和機遇面前應如何把握戰略性機會窗口？本章節將引領您認識中國美容業的現況。

E企劃行銷亮晶晶

經營美容店，除了優質的美容專業服務外，更需要注入企劃行銷力來拓展營業的點線面。如何規劃促銷案拉抬業績，商圈怎麼耕耘才有效，異業結盟有那些選擇與好處；本章將引您進入美容行銷的精髓。

F美容銷售精靈術

一位客人從踏進美容店到生意的成交，身爲美容服務人員，如何施展她的完美行銷八法，挖掘顧客內心深層的需求，並在生意成交的關鍵時刻，臨門使上五大絕招，讓您的客人心甘情願的掏錢買帳……本章節將說明如何稱職做好美容店現場服務銷售工作。

G顧客抱怨 化危機爲轉機

顧客抱怨若不及時處理，給予適當合理的解決，將很容易埋下對品牌的殺傷力。一位顧客抱怨所引發的負面影響，往往是比開發數倍以上新顧客代價還來得大多了。從顧客抱怨的預防、人員的服務基本信條、銷售語言的絕對禁忌、到探討顧客抱怨的成因，如何化解等等，都將讓你正確作好「化危機爲轉機」消弭顧客抱怨！

A

跟美容法規打交道

You Must Deal With The Laws About Beauty

開一家美容店，從設定初期的規劃、申請執照到完成設立，
以至於正常營運，都要遵守商業、衛生、安全各方面的相關法規。
本篇爲妳彙編出其中的精華，幫助你快速掌握重點，熟悉美容相關法
規，實現美麗理想順利開店，同時也給員工一個安心的工作環境。

A-1 美容店設立的申請

The Applications That Sets Up Beauty Salon

先瞭解你的美容店是否符合公司設立場所的規範標準。

開一家美容店，在法規的認定中就是設立一家公司。因此營業店面的地點選用設立，需先瞭解該建築物是否符合法規裡對美容公司設立的硬體相關規定。當你選好一家心儀的店面後，應先將你店面實際狀態與（表1）「建築分區使用標準」相互對照是否符合規定。以免空忙一場，形成人力及時間的浪費。

表1

分區	類別	核准條件
住二 住二之一 住二之二	美容	1.營業樓地板面積未達150平方公尺者應臨接六公尺以上之道路；營樓地板面積在150平方公尺以上者應臨接寬八公尺以上之道路。 2.營業樓地板面積不得超過300平方公尺。 3.限於建物第一、二層使用其同層及以下各樓層均非住宅使用，其餘各項均限於建物第一層使用。
住三 住三之一 住三之二	美容	1.營業樓地板面積未達150平方公尺者，應臨接六公尺以上之道路；營業樓地板面積在150平方公尺以上者，應臨接寬八公尺以上之道路。 2.營業樓地板面積不得超過500平方公尺。 3.限於建物第一、二層使用，其同層及以下各樓層均非住宅使用，其餘各項均限於建物第一層及地下一層使用。
住四 住四之一	美容	1.營業樓地板面積未達150平方公尺者，應臨接六公尺以上之道路；營樓地板面積在150平方公尺以上者，應臨接寬八公尺以上之道路。 2.營業樓地板面積不得超過500平方公尺。 3.限於建物第一、二層及地下一層使用，其同層及以下各樓層均非住宅使用，其餘各項均限於建物第一層及地下一層使用。

認識法規上對公司設立的相關規定

以美容店經營形態在台灣本地設立公司通常適用「股份有限公司」或「有限公司」兩種。中央主管機關爲經濟部商業司。以下就分別說明申請這兩種公司設立的規定：

股份有限公司發起設立登記

申請人資本額新台幣壹億元（含）以上者，主管機關爲經濟部。未達壹億元，在省爲建設廳，在直轄市爲建設局。外人及華僑投資案，爲經濟部商業司。所在地若在加工出口區或科學園區，主管機關爲經濟部加工出口區管理處或科學園區管理局。並應於章程訂立後15日內申請設立登記。而應備文件及內容如（表2）：

表2

申請書	應由公司及半數以上董事暨至少一名監察人具名蓋章申請，並加註公司地址、聯絡電話。由會計師或律師代理申請時，上應加列代理人姓名、地址、聯絡電話並蓋章及加附委託書。
公司設立登記預查名稱申請表	由發起人向經濟部商業司提出申請。
章程	依全體發起人之同意訂立章程且章程內載明訂立日期。並具名簽章並加蓋公司印鑑。
發起人會議記錄	由全體發起人出席及全體決議通過有關公司章程之訂立、選任董事及監察人。且主席、記錄應分別具名蓋章。

（續）表2

董事會議記錄	1.選任董事長應由三分之二以上的董事出席，並經出席董事過半數之決議通過。主席、記錄應分別具名蓋章。 2.委任經理人須有董事過半數同意（未登者免決議）。
股東名冊	應編載股東本名或名稱、住所或居所、法人股東之代表人姓名、股東之股數。
會計師查核報告書及其附件	1.檢具下列附表各乙份：資產負債表、股東繳納股款明細表、送金單或存摺或影本、如爲專戶得以銀行專戶帳卡或證明代替之。 2.查核報告書由會計師親自簽名並加蓋主管機關登錄有案之印鑑。 3.查核報告書加附簽證委託書。附表應加蓋公司及董事長印鑑。 4.查核報告書、附表及所有憑證，騎縫處加蓋會計印鑑。
發起人資格及身分證明文件	1.發起人人數至少七人以上，附身分證明文件。不得爲未成年人。 2.董事監察人的身分證明文件基本資料須與事項卡所載相符。
設立登記事項卡	1.除主行業別、變更序號、公司統一編號、檔號、核准登記日期文號外，其餘均須塡明。 2.一式三份經打字並加蓋公司及所有董事、監察人印鑑，塡載內容與申請文件完全一致。 3.資本總額、實收資本總額、股份總數及每股金額塡載正確。 4.董事、監察人人數及任期依章程及議事錄所定，持有股份依股東名冊塡載正確。 5.公司名稱及所營事業之記載應與章程相符。
其他	1.公司業務若須經政府許可或依法律授權所定之命令，經目的事業主管機構許可並領得證明文件後，申請公司登記。 2.申請文件刪改處應加蓋董事長印鑑。

有限公司設立登記

申請人資本額在新台幣壹億元（含）以上者，主管機關爲經濟部。未達壹億元者，在省爲建設廳，在直轄市爲建設局。外人投資及華僑投資案，主管機關爲經濟部商業司。本公司所在地若在加工出口區或科學園區，主管機關爲經濟部加工出口區管理處或科學園區管理局。應於章程訂立後十五日內申請設立登記。登記費爲資本總額四千分之一，執照費新台幣貳千元。而應備文件及其內容如(表3)：

有關申請公司登記的相關問題，可上網
http://www.moea.gov.tw/~meco/doc/ndoc/default.htm查詢

表3

申請書	由公司及全體董事具名蓋章申請，並加註公司地址、電話；由會計師或律師代理申請時，加列代理人姓名、地址、聯絡電話並蓋章及加附委託書。
公司設立登記、預查名稱申請表	由股東之一提出申請。
章程	依全體股東同意且載明訂立日期。並具名簽章並加蓋公司章。
會計師查核報告書及其附件	1.下列附表各乙份：資產負債表、股東繳納出資額明細表、送金單或存摺或查詢單影本，如為專戶得以銀行專戶帳卡或證明代替。 2.查核報告書由會計師親自簽名並加蓋主管機關登錄有案之印鑑。 3.委託會計師查核簽證委託書。 4.附表應加蓋公司及董事（董事長）印鑑。 5.查核報告書、附表及所有憑證，騎縫處加蓋會計印鑑。
股東資格及身分證明文件	1.股東應有5人以上，21人以下，其中半數以上具中華民國國籍，並在國內有住所，且其出資額合計須超過公司資本額二分之一。 2.至少設置董事1~3人，並選1人為董事長對外代表公司。 3.董事應有中中華民國國籍，並在國內有住所。 4.具有公務員、軍人、公立學校專任教員身分及擔任代表公司之董事及經理人，應無公務員服務法第13條、第24條之規定情事。 5.股東為限制行為能力人時，應附法定代理人同意書；如為無行為能力人時應附代為意思表示，及其法律文件。 6.為中華民國國民者，應檢附身分證影本或戶籍謄本影本。 7.法人轉投資，應附公司執照影本，指派代理人之指派書及代表人身分證明文件（如為外國法人應經我國駐外機構簽證）。 8.外國人或華僑，應附我國使領館或駐外機構簽證之身分證明。
設立登記事項卡	1.除主行業別、設立序號、檔號、核准設立日期各欄免填外，其餘均須填明。 2.各三份經打字並加蓋公司、代表公司之董事（董事長）印鑑，所載內容與申請文件完全一致。
其他	1.公司業務若須經政府許可或依法律授權所定之命令，經目的事業主管機構許可並領得證明文件後，申請公司登記。 2.申請文件刪改處應加蓋代表公司之董事（董事長）印鑑。

準備好各項證件與規費去申請商業登記

申請商業設立登記，應檢具申請書、負責人身分證明文件；合夥組織者，並應附具合夥人之身分證明文件及合夥契約。資本額在新台幣二十五萬元以上者，另加具資本證明一份，新台幣五十萬元以上者，加具經會計師簽證之資產負債表。另需繳納如下（表4）各項規費：

表4

1.商業或分支機構設立及變更登記每件新台幣一千元。
2.登記證費每件新台幣一千元，補發、換發者亦同。
3.限制行爲能力人經法定代理人允許獨立營業及法定代理人爲無行爲能力人或限制行爲能力人經營商業登記每件新台幣五百元。
4.經理人登記每件五百元。
5.商業登記事項之證明及印鑑證明每件新台幣三百元。
6.查閱登記簿每件新台幣三百元。
7.抄錄登記簿及附屬文件每百字新台幣三百元，不滿百字者以百字計算。
8.除第一款規定外其他變更登記每件新台幣五百元。
9.學術機構、商業團體、財團法人或其他有關機構從事有關之研究或調查，經申請主管機關審核同意以電腦報表或申請人自備之磁帶抄錄下列資料，除應繳納電腦基本抄錄費新台幣五千元外，抄錄家數超過五百家時，每增加抄錄一家另繳納抄錄費新台幣十元：統一編號、名稱、組織、所營業務、資本額、所在地、負責人、核准設立登記日期、其他經中央主管機關公告得提供之資料。

獨資合夥事業申請事業登記證需附書件及作業時間

需附書件＼登記事項	設立
申請書	建設1份 稅捐2份 國稅1份
登記事項卡	建設2份
負責人或全體合夥人身分證影本（如爲外國人加附居所證明）	建設1份 稅捐1份 國稅1份
合夥契約或同意書（合夥組織適用）	建設1份 稅捐1份 國稅1份
讓渡書（請貼12元正本印花稅）	
原領營利事業登記證正本	
許可證明文件影本	建設1份 稅捐1份 國稅1份
工廠登記證影本	建設1份
資本額25萬（含）以上、50萬元（不含）以下之存款證明影本	建設1份
資本額50萬元（含）以上之會計師簽證查帳報告書、資本負債表、存款證明、委託簽證書	建設1份
外縣市遷入者加附無違欠證明	
*工務局使用執照影本或存根影本	建管1份
*土地使用分區證明	建管1份
*都市計畫地籍套繪圖	建管1份
*建物使用執照核准平面圖	建管1份
*建築改良物登記簿謄本及測量勘測成果圖	建管1份
建設局綜合辦理作業時間（日）	10天

附註：1.申請書表請依建設、稅捐、國稅各需份數順序夾案送件。
2.*號需附文件，申請人得選擇免附由聯合辦公，自行向相關單位調閱。
3.申請設立、變更商號名稱，應攜負責人印章至建設局查名櫃檯辦理查名。

公司組織申請營利事業登記證需附書件及作業時間一覽表

需附書件＼登記事項	設立
申請書	建設1份 稅捐2份 國稅1份
公司執照影本	建設1份 稅捐1份 國稅1份
工廠登記證影本	建設1份
分公司總公司執照營利事業登記證分公司經濟部執照等影本	建設1份 稅捐1份 國稅1份
原領營利事業登記證正本	
經濟部認許證（外商公司適用）	建設1份 稅捐1份 國稅1份
負責人身分證影本（如爲外國人加附居所證明分公司負責人與總公司不同時加附授權書）	稅捐1份 國稅1份
公司章程、股東名冊或董監事名冊影本	稅捐1份 國稅1份
外縣市遷入者加附無違欠證明	
*工務局使用執照影本或存根影本	建管1份
*土地使用分區證明	建管1份
*都市計畫地籍套繪圖	建管1份
*建物使用執照核准平面圖	建管1份
*建築改良物登記簿謄本及測量勘測成果圖	建管1份
建設局綜合辦理作業時間（日）	10

附註：1.申請書表請依建設、稅捐、國稅各需份數順序夾案送件。
2.*號需附文件，申請人得選擇免附，由聯合辦公自行向相關單位調閱。

A-2　法律是妳經營的守護者

The Law Is What You Operate To Guard

當妳依政府相關法規申請登記設立了一家美容公司，在開店之前及日後的經營上，妳必須懂得以法律保護妳適當的權益。我們總說：做人最重要的是「講信用」，但有時，「信用」也會遇到狀況，尤其是與「錢」有關連性時，「舉證」就變的很重要了！原因爲何呢？那就是因爲「口說無憑」！想要解除這一困擾，就要做到「白紙黑字」的地步，也就是說：以書面爲憑！免得遇到事情時，沒有任何憑證，只能以一面之辭爭辯，造成雙方不歡而散或兩敗俱傷的局面。諸如此類當妳面臨涉及法律層面的問題時，我們衷心建議妳，要懂得依法律途徑解決問題，爲自己顧全理子，贏得面子。

對一家美容店而言，組織或許不像有規模的企業體般，可以在企業內部設立專業的財務及法務部門。但我們建議妳，最好以代理人制度，尋找適合「會計師」、「法律顧問」之專業人士，代妳處理有關財務的問題與維護妳店家法律上的權益。

聘請「會計師」

如果在公司設立初期，就能與經驗豐富且具有誠信的會計師配合，那設立時的所有繁瑣事項，幾乎可以說迎刃而解！因爲，你可以放心的將所有設立申請委由「會計師」爲你處理！甚至於經營所遇到的所有會計報表、報稅事務，都可以由會計師爲你辦理。在無形中，你已經有一位專精財稅的專家爲你合理節稅、解決所有惱人的財會問題。

聘請「法律顧問」

律師的重要性不言而喻，在這個社會，尤其是公司，一定會碰到「法律」問題，而一般人對法律條文的認知都是「似懂非懂」、「如像是…」，無法很清楚的知道該如何解決法律糾紛！這時候，就突顯出「法律顧問」的重要性了。

除了聘請專業法律顧問維護應享有之權益外，平時在經營美容店時就應該具備一些基礎的法律常識。例如，與廠商簽約時，特別是重大利益的合約，最好請法律顧問先檢視過合約條文，避免對方利用文字遊戲，把該有的利益給偷走了。而有關店面的租賃契約簽定，要注意租期、租金、使用條件範圍、調漲幅度、續約條件、押金及中途解約等辦法。一經敲定合約內容後，仍應請法律顧問審約，並至法院公證。如此，才是萬全之策。

在店內的人事管理方面，也要制定有助勞資雙方和諧的合理工作規則，以保障公司及員工雙方的權益。工作手冊內容包含：年資、考勤、薪資獎金的計算、離職、調職、留職停薪、退休、獎懲、及公司福利的規定。

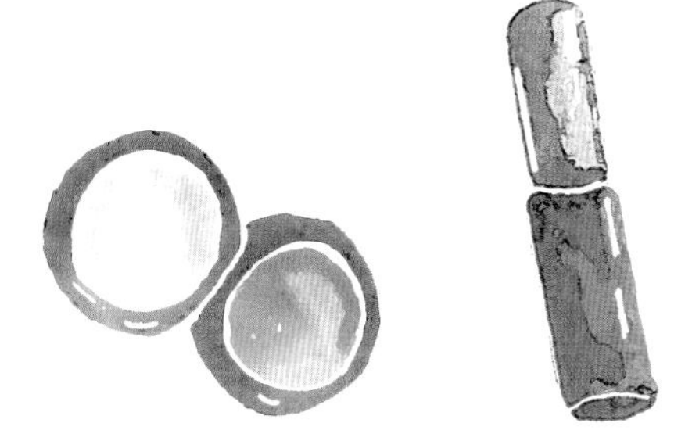

A-3 認識美容店的安全

To Know Safety Affairs In Your Beauty Salon

一個優良的消費場所，若想要顧客絡繹不絕，必定要提供相關的安全設施，讓顧客可以無後顧之憂的悠閒消費。而美容店的安全事務主要在於保護工作人員及前來消費的顧客的人身安全及環境安全。以下是關於美容店安全需要注意的事項。

建築物的消防安全

美容店的營業場所在消防安全上屬於甲類場所，場所應設置避難指標。但設有避難方向指示燈或出口標示燈時，在其有效範圍內，得免設避難指標。經中央消防主管機關認可爲容易避難之場所，得免設標示設備。其所需的消防安全設備如（表5）：

表5

滅火設備 （指以水或其他滅火藥劑滅火之器具或設備）	a.滅火器、消防砂泡沫滅火設備、二氧化碳滅火設備、乾粉滅火設備、自動撒水設備、水霧滅火設備。 b.室內消防栓、室外消防栓設備。
警報設備 （指報知火災發生之器具或設備）	a.火警自動警報設備。 b.手動報警設備。 c.緊急廣播設備。 d.瓦斯漏氣火警自動警報設備。
避難逃生設備 （指火災發生時爲避難而使用之器具或設備）	a.標示設備：出口標示燈、避難方向指示燈、避難指標。 b.避難器具：滑台、避難梯、避難橋、救助袋、緩降機、避難繩索、滑杆及其他避難器具。 c.緊急照明設備。
消防搶救上之必要設備 （指火警發生時，消防人員從事搶救活動上必須之器具或設備）	a.連結送水管。 b.消防專用蓄水池。 c.排煙設備（緊急升降機間、特別安全梯間、室內排煙設備）。 d.緊急電源插座。 e.無線電通信輔助設備。

工作環境的安全

當妳雇用美容師爲妳工作時，應該要給員工一個安全無虞的工作環境，員工才能爲公司創造良好的業績。以下是有關工作環境安全基本應該注意的事項：

1.設置完善的保全系統，才能確保生命財產的安全。並且與保全業者、警察機關連線，以避免發生狀況時，求救無門。

2.室內裝潢要選用防火建材，電線管路的配備要符合安全法規。

3.室內要配備足額的滅火器及設有逃生設備及緊急照明、手電筒等。

4.遇火警狀況時，要臨危不亂、並且善用滅火工具（記得報請119消防隊協助）。並依平時演練的逃生路線，疏散消費者。逃生時要記得指示顧客以濕毛巾摀住口鼻，避免濃煙嗆傷、嗆昏，無法逃生而死。

5.投保「公共意外責任險」，將風險分攤，才能在發生狀況時減輕業者的負擔。

人身安全

美容業的從業人員通常為女性，也就是說保障了很大的就業市場給「女性」。這在這個講究「男女平等」的社會上，是一特例，但社會中就是有一些事項無法以「平等」兩個字來衡量的。例如，女性的體力、女性須承擔結婚生子的天責........總括來說，女性在體力上總是弱者，無法有效的保護自己；所以，該如何加以防範可能發生的危機，及如何解除，應是身為美容店經營者該關心女性員工人身安全的責任。

1.美容店除了一般的急救箱外，應準備如口哨、電擊棒等防身物品。
2.當服務男性顧客臉部課程時，美容操作空間如為小型隔間式，房門不應關上。
3.當服務男性顧客臉部課程時，除了雙手必要的操作接觸外，注意身體與顧客保持一定距離，避免不必要的聯想所產生的危機。
4.當處理男性顧客的臉部課程時，身為主管應經常加以巡查留意，讓顧客正確理解我們純正的服務，防止危機發生。
5.服務人員少的美容店，儘量避免單獨一人為男性顧客服務臉部課程，夜間尤應提高警覺。
6.如遇歹徒時要降低其警戒心，並使其分心，以爭取逃脫機會。可利用雨傘、髮夾、石頭、沙子等攻擊其眼、耳、鼻、喉、鼠蹊部。
7.若已遭侵害，要保持現場，以利警方採證。自身不要更換衣物，不可淋浴，可找一件外套裹身，並至醫院驗傷。警方偵辦時，拒絕媒體採訪以免二度傷害。

A-4　美容店的衛生管理

The Management Of Hygiene About Beauty Salon

美容店要讓顧客能安心的消費，除了安全的考量外，還要注重「衛生」。就美容業者而言，衛生管理可分爲環境、設備、個人衛生等三方面。以下我們就針對政府機關的要求及美容店本身應注意的衛生管理項目一一解說，期使所開的美容店能帶給顧客一個潔淨安全的消費環境。

政府對美容業者的衛生管理相關規定

1.美容業衛生營業管理之策畫、執行、輔導及取締主管機關爲衛生局。

2.從業人員，係指直接從事各種衛生營業之人員。

3.衛生營業申請設立或遷址變更登記時，主辦機關應送衛生主管機關，經審查並發給衛生設備合格證明文件後，始得核發證照：其他登記事項之變更及停業、歇業或復業登記，應通知衛生主管機關。

4.應指定專人爲衛生管理人，負責管理衛生事項，並備具有關資料於設立登記時，供衛生主管機關審查；衛生管理人變更時，衛生營業負責人應於變更後十日內將其有關資料報請衛生主管機關核備。前項衛生管理人員須經衛生主管機關訓練合格者，始得擔任之。

5.有效消毒係指依規定之方法或其他經衛生主管機關指定之方法（參見表6）。

6.衛生營業之設備與陳設，應經常保持清潔，其營業場所應有防止蚊、蠅、鼠、蟑及其他病媒侵入之設施。

8.衛生營業之飲用水，應接用自來水。未供應自來水地區得使用其他水源。但其水質應符合飲用水管理條例之規定。

9.應設置足夠容量且不透水密蓋之垃圾容器裝置廢棄物。

10.衛生營業人員應遵守下列規定：

（1）經營業所在地衛生醫療機構健康檢查合格領得健康證後始得從業；從業期間每年應定期健康檢查，並接受各種預防接種。

（2）從業人員如發現有精神病、性病、活動性結核病、傳染性眼疾或皮膚病或其他傳染病，應立即停止從業，接受治療；經複檢合格始得從業；兩眼視力矯正後在零點四

表6　美容店的各項器具物品的衛生消毒規定

項目	類別	方法	適用物件	附註
物理消毒法	煮沸消毒法	溫度100℃之水，煮沸五分鐘以上。	毛巾、浴巾、布巾、圍巾、衣著類、抹布、床單、被單、枕套、金屬、玻璃、陶瓷製品等。	
	蒸氣消毒法	溫度100℃，容器中心點蒸氣溫度80℃以上，加熱時間10分鐘以上	毛巾、浴巾、布巾、圍巾、衣著類、抹布、床單、被單、枕套、金屬、玻璃、陶瓷製品等。	
	紫外線消毒法	放於10瓦波長240～280nm之紫外線燈之消毒箱內。照明強度每cm85微瓦特，有效光量時間20分鐘以上。	刀類、平板器具類、理髮器具。	可做為各類物品消毒後之儲藏櫃。
化學消毒法	氯液消毒法	餘氯量百萬分之二百以上，浸入溶液時間不得少於2分鐘。	玻璃、塑膠、陶瓷等之容器，塑膠製之理髮器具清洗塔、儲水池及盥洗設備消毒。	不可使用在金屬製品上。
	陽性肥皂液消毒法	0.1%陽性肥皂苯基氯胺。	手、皮膚之消毒。	應洗淨一般肥皂成分。
	陽性肥皂液消毒法	0.1%～0.5%陽性肥皂溶液時間在20分鐘以上。	理、燙髮器具、各種布類用器。	可加0.5亞硝酸納防止金屬生銹
	藥用酒精消毒法	浸在75%～80%之酒精溶液中，10分鐘以上。		蓋緊容器以免揮發
	來蘇水（複方煤餾油酚液）消毒法	浸在來蘇水（含甲苯酚3%）10分鐘以上。		金屬類在此溶液中不易生鏽

以上始得從業。

（3）從業期間應接受衛生主管機關舉辦之講習。

11.若有衛生主管機關稽查或抽驗，業者不得拒絕。

12.所使用之工具、毛巾應保持整潔，每次使用後應洗淨並有效消毒。

13.使用之圍巾或頭墊，應保持清潔；使用時接觸顧客身體者，其接觸部分應另加清潔軟紙。

14.盥洗池盆每次使用後應即排水，並以清潔劑清洗乾淨。

15.從業人員應遵守下列規定：

（1）手部應保持清潔，工作前應洗手。穿著淺色整潔工作服，修面時應戴口罩。

（2）不得爲顧客挖耳或用指甲爲顧客搔頭。

（3）患有傳染性皮膚病之顧客應予拒絕服務，事後發現時應將接觸之用具丟棄、或洗淨並有效消毒。

16.違反規定者，其處理方式如下：

（1）情節輕微者，予以警告，責令限期改善。

（2）逾期不改善或情節重大者，依有關法令處罰之。

美容店的衛生管理實施摘要

1.指定專人為衛生管理人，負責管理衛生事項，衛生管理人變更時應於十日內報備。

2.設備與陳設應常保清潔，防止蚊蠅、鼠、蟑及其他病媒侵入。

3.廁所地面、洗手台以及牆壁應使用磁磚，或以其他不透水、不納垢之材料建築，並備有流動水源、清潔劑及紙巾或電動烘手器。

4.應於明顯處懸掛相當數量之標示牌，標示有關之衛生規定。

5.從業人員應接受健康檢查，並接受衛生機關舉辦之衛生講習。

6.使用工具毛巾應保持整潔，每次使用應洗淨並有效的消毒。

7.使用之化粧品，應合於規定標示完整，並不得自行調製。

8.要具備工具消毒設備，及有堅固透明的儲藏櫃。

9.每一位從業人員應有兩套以上的工具、口罩、及工作服。工作時應穿著淺色整體工作服。做美容服務時，應戴口罩。

10.備有外傷藥品之急救箱。

11.照明度應在200米燭光以上，二氧化碳濃渡應在0.15%以下。

12.不得爲顧客挖耳或用指甲爲顧客搔頭。

13.要雇用領有相關職類證照之技術士且人數要符合衛生主管機關規定。

B

優質領導的魅力

Top Leader's Charm

優質的領導是推動員工群策群力朝向一致目標前進的關鍵！

從領袖特質的充實、人際關係的協調、如何激勵員工，

到開一個成功的會議，這些都是成爲一位優質領導者所需學習的功課。

B-1　秀出妳的領袖特質

To Show The Leader's Individualities On Yourself

一位成功的領導者，相信必能帶動部屬一起朝向共同的目標前進。以下我們簡單闡述成爲成功領導者所應具備的「十大領袖特質」。

十大領袖特質通常可包括：她必須重視組織的成就更甚於個人的成就。懂得自我反省的修養。人非聖賢，孰能無過；凡事不怕錯，怕一錯再錯。一位優質的領導者懂得自我反省，並記取教訓，不再犯相同的錯誤。當然她更必須更富於積極行動，不但擅於規劃，更能確實執行，而不僅是紙上談兵，光說不練。而擁有敏銳的觀察力也是不可或缺的，從對身邊周遭的人事物敏銳的觀察，藉以探索新時代的走向。

另外有親和力，能以樂觀、開朗、謙和的心與人快樂共事則是帶人帶心的起始點。如果能適時的發揮自身的幽默感，不但表達了自己的意見，還可以同時紓緩不好的職場氣氛。而能夠適當表達自己的想法，才有助於部屬對企業目標的瞭解及達成公司的要求，這是身爲領導者的表達能力爲什麼如此重要的原因。

常聽人說高處不勝寒，一個領袖應能身先士卒，把自己投入工作，與部屬一起爲企業的目標打拼、榮辱與共。也唯有「參與感」的實際投入，才能瞭解部屬的難處，發現問題，儘早解決問題。只有參與，才能設身處地爲部屬著想。

一個無法果斷下決策的人，不能成爲一個優秀的領導者，因爲他的決策可能每三秒就來個急轉彎！試問，如此一來，如何帶領部屬朝一致的方向前進？領袖應該仔細評估各種可能性才做決

十大領袖特質
1.重視組織成就
2.懂得自我反省
3.積極行動
4.敏銳觀察力
5.具親和力
6.富幽默感
7.表達能力強
8.參與感強
9.果斷決策力
10.懂得感激

策，一但做了決策，除非發現重大缺失，否則，絕不輕言變更。雖然失去商機、甚至造成失敗，固然可惜，但失去企業部屬的心更可怕！請勞勞記住「果斷決策力」的重要性。

而能心存感激的時時謹記部屬對企業的付出，適時適地的表達感謝之意，不要讓部屬對工作產生無力感，更別讓部屬覺得付出得不到回饋和感謝。有許多企業主、領袖在創業艱辛時，就把部屬當成自己的夥伴，重視他們、感謝他們，待其企業稍有成就時，反而開始自我膨脹，認爲這一切都是「我」的投資、「我」的打拼，他忘了背後那群默默付出的員工，那企業就逐漸走向末路了！

因爲自我膨脹，優秀的部屬可能受不了領導者的自以爲的想法而跳槽了！老員工可能禁不住咄咄逼人，自行創業去了！到最後，整個企業就只剩下「懊惱」陪著他。希望那個「他」永遠不是您！

學習領導者的十大作為

考驗領導者的大前提，不是領導者自身的能力優劣，而是他對事物的認知及對組織的遠大構想、及短期目標的設定及實踐。

因此領導者應該要是個長遠的思想家。同時領導者也必須擅於傾聽，一個懂得傾聽部屬聲音的領導者，才能拉進與部屬之間的距離，也才能瞭解部屬，和部屬達成共識，如此一來部屬對企業的貢獻才能提昇到極限。

領導者更應懂得以身作則，成爲企業員工學習的目標，甚至成爲員工崇拜的對象，這樣不但有助於企業各項策略的推動，更有助於企業向心力的凝聚。一位思維細膩的領導者，其觀察必然入微，知道部屬的長處，並且能夠適才適所；在部屬面臨瓶頸時，會適時地給予幫助及鼓勵，讓員工不但能突破，還能成長，並且繼續在工作崗位上奮鬥。

領導者帶領著企業員工，將所有心力投注在預設目標上，在成功的路上，儘管會有挫折，但絕對摧毀不了領導者的意念，他會找出路，並且振奮企業員工的士氣。因此在領導者的字典裡永遠沒有失敗。一位樂觀、積極的領導者絕對是企業不可或缺的要素，猶如太陽般重要！他能爲部屬營造一個令人愉快的工作環境，他能成就一個有朝氣又有效率的組織。而剛愎自用的人絕對不會成爲頂尖的領導者；朝三暮四的人也不會成爲頂尖的領導者。一個頂尖的領導者只堅持該堅持的重點，其餘的部分會傾聽，並且採納部屬給予的意見，創造出企業主、領導者、部屬三贏的勝利！

孫子兵法有云：「知己知彼，百戰百勝」，在這種快速淘汰的時代，瞭解自己更顯得重要。一個連自己都不瞭解的人，不可能成爲一個頂尖的領導者。因爲若是連時刻相處的「自己」都不熟悉，那又怎能熟悉只在工作時間相處的部屬呢？不瞭解部屬，還期待自己能打理好一切，成爲頂尖的領導人，這無異是痴人說夢話。你瞭解自己的優點在哪裡？缺點在哪裡？個人風格？管理優劣勢嗎？這些都是你該好好深度思考的。

身爲一個領導者要將部屬優異的表現引以爲傲，要樂於成就部屬，千萬不要害怕部屬「功高震主」。要知道，部屬每個優異的表現都是你的利多。當然，在分享部屬的榮耀與成果時，別忘了再次「自我提昇」，別讓部屬的進步超越太多了，才是妳應盡到的責任。

咱們老祖先有句待人處世的金玉良言是這麼說的：「嚴以律己，寬以待人」。身爲一個領導者，就該把這句話好好發揮在職場

領導者十大作為

1.領導者是個長遠的思想家
2.領導者必須擅於傾聽
3.領導者是每個員工學習的目標及崇拜的對象
4.領導者必須思維細膩
5.領導者字典裡沒有失敗
6.領導者永遠抱持著樂觀、積極的想法
7.領導者懂得堅持該堅持的
8.領導者瞭解自己
9.領導者樂於成爲部屬的目標及指南
10.領導者會將部屬的優勢放大、缺點縮小

上。人必然會有缺點。如果一昧地在部屬身上找缺點，只會愈找愈生氣，到最後不但挑出一堆毛病，甚至連他的優點也看不見了。學著把部屬的優點放大，讓他能在工作崗位上好好的努力；把部屬的缺點縮小，讓他能樂在工作，而不是每天戰戰兢兢，提心吊膽。但要注意！將部屬的優勢放大、缺點縮小，並非不分、功過不明，而是希望能在賞罰之間能更人性也更彈性。

您是一個成功稱職的領導者了嗎？您具有上述的領袖特質與十大作爲嗎？在成爲頂尖領導者的這條路上，讓我們與您一起努力。請加油！

B-2　完美的人際關係

The Perfect Human Relations

人際關係的好壞與領導者的成敗有密不可分的關係。身爲領導者，你必須時時維持良好的人際互動。下列幾點，將能使您擁有更完美的人際關係。

1.儀表端莊、衣著整齊。

2.眞誠的笑臉待人。

3.牢記每個人的職謂與姓名、優點。

4.適時稱讚對方的表現。

5.時時關心自己的部屬，表示善意及體諒。

6.心不設防，願意認眞傾聽部屬的意見及抱怨。

B-3　帶人帶心

Let Someone Drives His Abilities Voluntary

經常聆聽部屬的心聲

「傾聽」，努力聽對方說話，眼神要專注，將可拉近雙方距離建立起良好的互動關係。「共鳴」，根據經驗法則，如果聽衆能隨聲附和，則說話的人會越發興致高昂。

「援助」，不要中途打斷話題，這是領導者都易犯的錯誤。由於領導人想早點聽到結論，若不耐煩聽整個事件的始末，就無法眞正瞭解部屬須要援助的地方。

「商談」，當心中有疑問時就要當場發問，不要把問題擱在心裡，如果雙方沒有共鳴，就無法構成溝通的要件。

「評價」，留意說話以外的表情，仔細研究部屬的表情、說話方式、整個肢體語言，你會從中瞭解許多涵意。

「回答時要負責任」，聆聽對方說話時，要思考他眞正想要表達的是什麼？

除此之外，要善於掌握人情的微妙關係可透過以下的技巧來達成：

1.親切地呼喚對方的名字
2.敏銳的掌握部屬的心理
3.隨時與部屬同甘共苦
4.積極安排部屬嶄露頭角的機會
5.慷慨地將功勞歸於部屬
6.解決部屬不滿的情緒或煩惱

如何讓士氣High起來

身爲領導者一定要能激勵員工的士氣。工作做久了，人難免會產生職業倦怠感。領導者如果疏忽了員工的此一心理需求，或一直不去正視這個問題；那到最後，倒楣的一定是老闆。因爲員工已無心戀棧，這時才來補救，就算救的起來，也可能已經受重傷或已有隔閡，想要像以前那麼契合，可能就需要一段好長的時間了！所以，領導者必須讓大家的士氣無時無刻處於高峰，才不會導至員工向心力鬆散的負面效應出現。

提振士氣的九條清單

1.不斷自我充實，帶給員工新的知識及理念。

2.優秀的上司，公私分明、賞罰明確，視員工如家人。

3.提供一個安定又良好的工作環境給員工。

4.適時給予部屬讚美，以鼓勵代替嘲諷，以援助代替責備。

5.爲員工訂定目標，讓員工的人生有追尋的方向，工作的更有意義。

6.辦理各項競賽，增加榮譽感及成就感。

7.採用參與式管理，讓基層的員工有參與決策的機會，增加被重視的感覺。

8.辦理有意義之康樂活動，凝聚向心力。

9.投其所好，用對方感興趣的事吸引他。

如何瞭解與激勵員工

每個人與生俱來都有其獨特的特質，想要以偏概全，或是說想要以「一」概括「全部」，那就一定會出狀況！所以，讓我們好好探索「人性」這有趣的話題，也藉此來剖析及強而有力的激發各種不同類型員工的潛能。正因爲每個人的特質都是獨一無二的，這決定了他們待人接物的不同風格。當我們對待員工時，需要瞭解員工、尊重他們，並對不同性格的人，用不同的方法激勵，使每個員工能截長補短全力爲公司貢獻所長。人對事物的看法有樂觀和悲觀兩種態度，在公司發展的戰略上若採取中肯樂觀、不過份悲觀主義的觀點和看法，將能使得企業的每一步都走得非常穩健。

根據員工性格類型的激勵方法

衝動型
此類型員工通常對事情只有三分鐘熱度。身爲經營管理者如果領導與督促得當，也能讓他會成爲有用之才。

大起大落型
工作容易受情緒的影響。此類型雖然有成人外表卻有小孩子心理。領導可在他們情緒低落時多給予鼓勵與督促。

優秀人才型
此類型的員工的特點是聰明，有能力，不怕錯誤，能從錯誤中學習，不會重蹈覆轍。

B-4　如何開一個成功的會議

How To Make A Successful Meeting

「開會」這個字眼是上班族最常用的日常詞彙，也可以說只要出社會，就免不了開會。現在我們也常聽到所謂開「家庭會議」。可見，現在不只是出社會的人，而是「每個人」都會遇到。所以，如何將會議開得很成功，是我們每個人都應該知道的事。

會議對企業經營的重要性，可以彙集不同情報、智慧及觀點等資源並善加利用，達到「資源整合」的目的。同時也可藉由群體的思考與辯證，激發出新靈感、新點子，幫助企業再成長。在會議上，主管與部屬之間也可透過溝通增進彼此的瞭解，以強化合作效能。當然我們也可以利用會議，讓工作任務透明化，以收明確分工、各負其責之效；更藉由會議共同的參與，加強員工對企業的忠誠及對工作的熱情，以達提振士氣的目標。

如何進行會議5W1H的要訣

Why	設定目標：開會理由及會議目標爲何？
What	設定議題：內容及議題有哪些？
Where	選定場地：在何處開會？地點會場行時間長度？
Who	選定名單：出席會議名單，並擬如何布置？
When	選定時限：何時開會？會議進定主持、記錄人員。
How	掌握程序：如何進行？需要視聽工具嗎？需要做哪些協調工作？

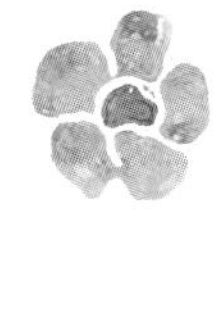

如何成爲一位傑出的會議主持人

會議主席的特質：
a.要具有公正公平的特性
b.具良好的分析能力
c.有耐性且擅於應變
e.懂得自我約束

主席的任務：
a.協調會前的準備工作
b.安排及控制會議時間
c.維持會議的順暢
d.提出有激盪性的問題
e.引發有價值的見解及討論
f.協助整理意見，達成結論，完成裁奪

主席發問的方式：
a.凌空式提問：丟出一個問題讓與會者都有機會回答
b.瞄準式提問：要求某位或一組與會人員回答
c.輪流式提問：
要求每位與會人員都要回答
d.反問式提問：當與會人員提出問題時，反問其對該問題之意見

有效結束會議：
a.重申會議目標與意義。
b.總結會議成果，讓與會者確認各項結論及分工權責。
c.若已確認有再次的會議必要，則要先定下次會議的目標、開會時間及地點。
d.妥善結束會議，等於爲會議畫下一個完美的句點。

會議結束後的跟催：
a.會議紀錄要儘早分發予與會人員及其他必要知悉會議結論之人
b.適時追蹤會議結論的執行狀況。
c.適時解散已達成任務者，以減少召開不必要的會議。

常見的會議類型

會議名稱	時間	參加人員	會議重點
年度會議	12月	主任級以上、幕僚行政人員	1.各部門及公司年度發展計畫報告 2.明年業績目標訂定 3.方針布達 4.本年度檢討
主管會議	每月21日	副理級以上	1.營業部門業績檢討、行政部門問題研討 2.人事問題檢討 3.各項重大事宜修訂研討 4.公司重大政策布達
店長會議	每月月初	店主管級以上	1.活動競賽考核、布達、追蹤及頒獎 2.店家問題、業績研討 3.公司規定政策之布達 4.各項績效追蹤檢討
副店顧問會議	每月月中	副店顧問級以上	1.公司規定政策及活動競賽追蹤、討論 2.業績業務之追蹤及檢討、考核
技術專員會議	每二個月	技術專員或同等級幹部	1.活動競賽的追及技術研討及追蹤 2.強化專業理論
行政部門內部會議	每月一次	總部內部行政人員	1.部門工作協調、工作報告及檢討 2.各項規定及活動布達 3.雙向溝通
會計會議	每三個月一次	各分店出納及總部財務部組員	1.工作報告、協調及檢討 2. 雙向溝通 3. 職責宣導之重要性

（續）常見的會議類型

會議名稱	時間	參加人員	會議重點
企劃會議	每月初一次	企劃部人員及幕僚主管級	1.雙向溝通 2.針對廣告企劃方向之研討 3.行銷企劃觀念及賣點討論 4.次月份各項促銷活動之定位研討
分店店務會議	每月一次	各分店所有人員	1.佈達各項規定政策及活動 2.雙向溝通、各組工作協調 3.業務績效之訂定追蹤檢討
員工聯歡會	每半年一次	全體員工	1.資深、優秀員工表揚 2.雙向溝通 3.年度方針及政布達
晨會	每天早上10:00	分店所有人員	1.昨日業績進度、各項競賽進度報告檢討 2.今日工作方向布達、服裝儀容檢查 3.人員工作報告、特殊事務狀況布達檢討

Supper

C

做一位稱職店長

Be A Perfect Store Supervisor

經營好一家美容店，除了作好對外的行銷業務，

對內的管理也是很重要的。

主管與部屬相處之道的基本功，爲你與部屬營造出和諧愉快的職場人際關係，以及店務規劃的大小繁瑣事情，使妳成爲一位稱職的店長。

C-1　人際關係你、我、他

The Human Relations At All

成功的人之所以成功，是因爲他與其他人之間的互動關係十分良好。您若是個渴望成功的人，那麼您也必須試著不斷建立良好的人我互動關係。身爲一個企業主管，應該和部屬建立良好的關係。良好的人我互動關係更是一位領導者不可或缺的利器。身爲美容店經營管理者，如果自認在人際關係上還不是挺十全十美時，建議可依循以下的建議幫助您改善人我關係。

察覺問題，立即解決

當人我關係一旦出現問題時，千萬不要抱持著讓時間沖淡一切或解決一切的態度。當然，解決問題的時機是相當重要的關鍵，但要記得「儘快」將問題解決，免得日後雪上加霜，更別擱置不理，這麼一來只會讓對方覺得不被尊重、被忽略而擴大彼此間的裂縫，日後即使您找到對的時機也無法再修補了。

追根究底，找出原因

解決問題之前，一定得先掌握住眞正的原因，不要形成隔靴搔癢，搔不到癢處的情況，其實人我關係出現問題，通常是因爲：

1.立場不一致，造成利害的衝突：在職場上利害關係，並不單只是指經濟利益方面，有的是指精神方面。
2.觀點不同：職場上有形形色色的人，當然對同一件事物會有不同的觀點與想法，當觀點不同的時候，不但容易造成人我關係的問題，同時會影響企業策略的成敗。
3.對措辭及態度產生的誤解：良好的溝通方式及習慣實在不易培養，當然每個人對同樣一句話也會有不同的解讀，當您措辭不當或是語氣失準的時候，就會產生人我關係的嫌隙。
4.自我主義太過：自我主義太過，容易有剛愎自用、無法傾聽的毛病發生，自我主義太過的人通常比較無法考慮到別人的立場，也通常會因自身的自我主義太過而與人產生衝突。
5.濃情尚須禮：不論再怎麼親密的人我關係，仍要懂得分寸，及該遵循的禮儀，千萬不要忘了「親兄弟也有三分禮」這句話，許多人就是因爲忘了這樣重要的一句，賠上了多年累積的感情，也失去了良好的人我關係。

當然，人我關係產生問題的因素，可能並非只有上述幾項，還有許許多多的原因！另外還有部分是有人始終弄不清楚原因到底出在哪兒？這時候，不妨找人很客觀的聊聊，或許您會找到所要的答案。

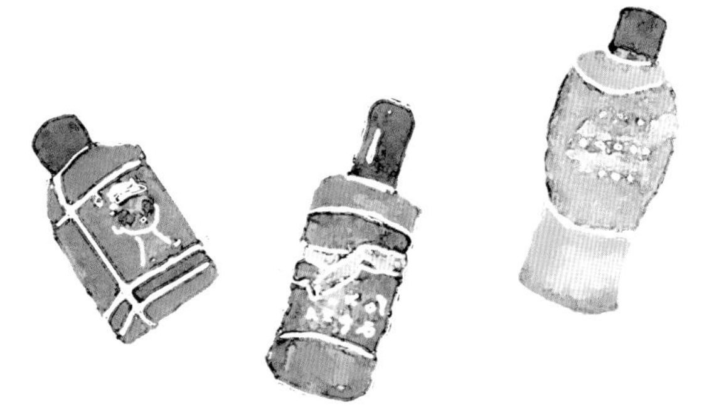

C-2　服務待客之道

The Way For Services Your Customers

從事美容服務本就是以「銷售」與「技術服務」爲導向的服務業。因此，我們必須對服務有明確清晰的認知及認同。以下是美容店在服務待客的一些基本服務的原則：

對顧客一視同仁

絕不能因顧客的穿著、外表、年齡及購買金額的多少而給予不公平的待遇，這樣容易使顧客對商品及企業產生不良的印象。

以顧客的需求爲出發點

所謂的需求就是希望與要求！商品不是賣出去就好，而是讓顧客很滿意的接受而購買。要做到這一點之前，必須隨時深入客層，瞭解其生活型態、個性、興趣、喜好等，更要隨時向公司反應顧客的意見。透過你們的溝通、傳達，才能使顧客對企業的反應、使用心得及需求傳達到企業體，成爲企業提升服務的動力及改善的目標。

心細如髮且人情味十足的服務

顧客入店後的每一個表情變化，我們都應觀察入微，即使是初次見面，如能直接喊出顧客的大名，相信顧客對你的親切感會大增，相對的，信賴感就會隨之加分不少。

待客一片誠心

絕不因一心想成交而在解說上採用「以偏概全」的虛僞、欺騙、誇大保證之言詞及態度，應詳細且具體而耐心地反覆說明，直到顧客完全理解爲止。

認同服務代表的是企業形象

不要以爲自己只是公司的一顆小螺絲，稍稍怠慢應不致於產生損失或影響。要知道個人的一言一行都直接左右顧客對我們的觀感及信任，稍有差錯就會造成潛在顧客或準顧客對我們失去信任，進而喪失服務的機會，而這是無法用金錢或是廣告來彌補的。

當顧客進門後，擔任第一線的服務人員要如何提供最佳的服務品質？我們建議把握以下六點「服務人員應有的態度」原則，將讓妳的客人對妳加倍信任，生意源源不斷。

1.心存感激 — 對每位顧客均一視同仁，存有感激的心來服務。

2.面帶笑容 — 以愉快的心情待客，拉近與顧客之間的距離。

3.適時讚美 — 對於顧客決定的商品給予適當的讚美。

4.耐心解說 — 對於顧客未能做決定時，仍應有耐心的解說並服務，以爭取更好的印象。

5.情意眞誠 — 接待顧客的一舉一動，都要是眞誠的服務。

6.服務確實 — 整個服務、接待過程，絕不偷工減料，一定要確實做到。

當然，贏得顧客的認同將使得我們的服務顯得更有意義。在此工作的過程中，不但讓自己顯得活力十足，也幫助顧客重添信心。而服務過程中輕柔的言語，將使得顧客因無壓迫感而身心得到充分的休息。在美容服務中，我們將可因消費需求的共同話題，與顧客共創更多的共同點，讓顧客感受到有物超所值的服務附加價值。而我們也因爲在工作經驗的累積中，充分的專業知識和不斷創新的技術，滿足顧客的新鮮感，以期能進一步吸引顧客成爲永久的顧客，並樂意介紹親友來店消費，增加新客源的成長。

C-3 正確的工作價值觀

The Correct Career Values

除了向「錢」看，
還要向「前」看！
如果員工不瞭解美容業的發展、規律演變的階段性，看不到從事這個行業的「前景」與「錢景」，就會喪失做事的動力和進取心。因此，就會出現當一天和尚敲一天鐘的心態，或者只把目前的工作當作過渡期的跳板。

工作目標及方針
不論是新人或老手，都應該知道公司發展的目標，並且瞭解自己本身工作的重要性及應扮演的角色，對公司產生認同感。

美容人員工作價值觀

努力是一種習慣，
以企業爲榮不再是口號！
經營者應該重視員工的能力，提高速度及過程，想辦法讓員工都能學習，並透過工作環境的改善及工資福利的調整，讓員工感受在這個公司很安全，並且可以學到很多知識及技能。

企業給了我什麼？
公司除了給員工就業機會，還要給員工什麼呢？一個完善的企業體，除了工作機會外，更要給員工教育、表演的舞台及員工的成就感和經濟生活的保障。

C-4　接待禮儀

Well Manners On Service

電話禮儀

主管來電：
鈴·鈴··
接聽者：××××（公司名稱）您好，我是××，很高興為您服務！
來電者：××您好，麻煩幫我接店長。
接聽者：請問哪裡找？
來電者：我是××部門×經理。
接聽者：經理您好，我馬上為您轉接，請您稍等一下。

朋友來電：
鈴·鈴··
接聽者：××××（公司名稱）您好，我是××，很高興為您服務！
來電者：你好，我要找××美容師。
接聽者：請問您哪裡找？您貴姓大名？
來電者：我是她朋友。
接聽者：對不起。××美容師現在正在服務顧客，請您留下大名，我幫您留言，或者請您晚上7:30以後再撥。
來電者：（留言）
接聽者：好的，謝謝您，我會幫您轉達。

顧客初次來電：
鈴．鈴．．
接聽者：××××（公司名稱）您好，我是××，很高興爲您服務！
來電者：我想問你們的××（課程）！
接聽者：小姐您好，請問您貴姓大名？（同時登入媒體來源登記表）
來電者：我姓林。
接聽者：林小姐，您好！請問您是如何得知我們公司訊息？
來電者：我是看三立電視廣告。
接聽者：（將媒體來源登記於表格中）好的，林小姐，我馬上爲您轉接我們的專業顧問，幫您作更詳細的解說。
（按下保留鍵，立刻請諮詢老師來接聽，切勿讓顧客久等）

顧客來電預約時間：
鈴‧鈴‧‧
接聽者：××××（公司名稱）您好，我是××，很高興爲您服務！
來電者：你好，我要預約時間。
接聽者：小姐您好，請問您貴姓大名？（最好可直接認出顧客的聲音）
預約者：我是×××
接聽者：××您好，請問您要預約什麼時段？
預約者：×月×日×時×分
接聽者：（因須依美容師排班及顧客預約狀況安排，所以有以下五種應對方式）

（1）要預約的時段及美容師都是空檔！
好的。××小姐，您要預約的時間是×月×日×時×分（再次確認），已經幫您預約好了，到時候我們會將相關用品準備好，等您的到來。如果您到時候無法準時前來，請您先打電話告知。

（2）如果想直接找美容師預約，而美容師正在忙時！
對不起！××小姐，因爲××美容師正在忙，由我幫您預約即可。我會幫您轉達，請問您要預約什麼時候？

（3）如果顧客想預約的美容師該時段已有顧客！
對不起！這個時段××美容師已約滿，爲了服務品質，是不是可以請店長幫您安排另一位美容師？還是您想預約下一個時段呢？

（4）時段已約滿，排不進來了！
××小姐，對不起！這個時段已經約滿了，是不是請您預約早一點的時段，還是下個時段？

（5）如果顧客堅決要約！
××小姐，對不起。我們眞的很想幫您服務，這個時段目前眞的約滿，爲了不影響服務品質，讓您享有最好的服務，如果晚一點有顧客打電話取消時，我們一定馬上打電話通知您，好嗎？

迎賓送客禮儀

顧客第一次來店諮詢

櫃檯人員：您好，歡迎光臨。（值櫃人員看到客人進入時，請立即幫忙開門迎接。）
櫃檯人員：請問您有預約嗎？
New顧客：有。（接待人員馬上查詢預約表，直接確認顧客的姓名與諮詢項目。）
櫃檯人員：請至沙發坐。（一位接待人員倒茶水，拿出諮詢表格，並在顧客身邊詳細解說。另一位櫃檯人員，通知諮詢老師，新顧客的姓名、及要瞭解的項目。）
櫃檯人員：客人塡寫好諮詢表後，帶至諮詢室，介紹諮詢老師給顧客認識。

舊會員來店

櫃檯人員：您好，歡迎光臨！請先簽到！
美容師蹲下拿拖鞋，請顧客換上，順手將顧客的鞋收妥。
詢問是否有貴重物品須存放在保險櫃（帶領顧客將物品鎖在保險櫃中）
您的保險櫃號碼是×號，更衣櫃是×號，請妥善保管鑰匙。
今日爲您服務的美容師是×××，請您稍等一下。
帶顧客到美容室換浴袍，並請其躺在美容床上，馬上告知該位美容師。

如何送客

服務人員：先準備好資料、茶水於大廳，等顧客簽完資料後，確認其下次預約時間。並輔助換鞋，將拖鞋擺放整齊，送顧客至電梯旁，並按電梯。且向顧客鞠躬、道謝：
謝謝您，辛苦了！再見，您慢走。

試作客人服務

（1）諮詢老師諮詢後，轉給美容師，先告知美容師已建議的課程與內容。
（2）美容師接手後，先自我介紹，並帶領顧客簽到，並請其將貴重物品鎖在保險櫃，將鑰匙取下，並告知顧客：「我們只有一把鑰匙，請妥善保管。」拿拖鞋給顧客換，順手將顧客的鞋放好。
（3）帶顧客到內場，先介紹逃生門、安全設備、美容室、化妝室及環境，讓其熟悉，產生安全感。
（4）試作話術運用，並詳加介紹試作時能享受的各種服務流程。

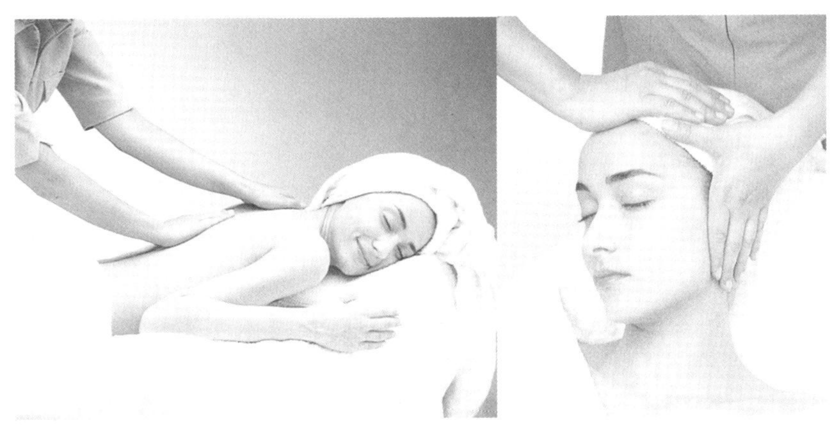

透過事前的解說介紹，讓試作客人感受服務的專業性與物超所價，將可大大提高客人續購整套課程的意願。

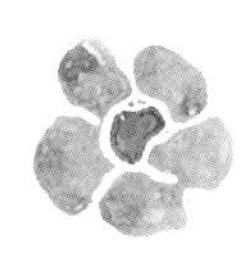

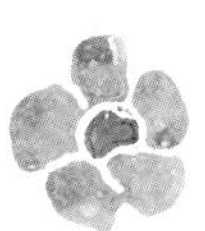

C-5　時間管理

The Time Control

利用表格的規範，建立起一家美容店從店長到基層美容師一天工作作息的標準，將可大大提高人員的服務效能。以下提供店長及美容師的一日記事簿之表格，可適用於美容店的營業，你可參考此規範融合你店裡的需求，擬出最佳的管理表格。

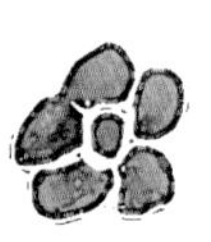

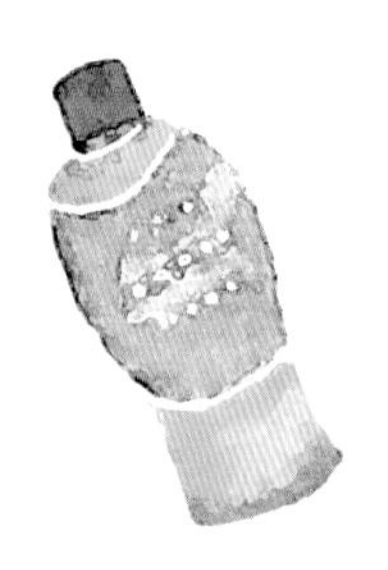

店長的一日記事簿

時間	階段	工作事項
10:00前	開店前	1.事先思考當日晨會布達事項 2.巡視店面內外環境
10:00	晨會	1.晨會服裝儀容檢查 2.公文布達、表揚、鼓舞士氣 3.今日人員工作注意事項布達及檢討昨日工作 4.教育（儲備幹部時間）
10:30	營業中	1.各項日報表簽核、前日療單簽核 2.顧客預約表安排 3.顧客資料檔閱覽 4.批閱美容師回call表、顧客反應表
11:00	營業中	1.現場人員面談、考核 2.顧客接待、公關 3.現場管理
12:00	午餐	1.安排用餐人員順序及控管現場及值櫃人員 2.餐後服裝儀容檢查
13:00	營業中	1.顧客接待、公關 2.回訪顧客、查看意見調查表
15:00	營業中	1.巡視店內外環境 2.人員面談、考核 3.處理事務、報告書、簽呈等 4.顧客接待、公關 5.會計資料閱覽（產品及雜貨庫存表及申請批示）
17:30	晚餐	1.安排用餐人員順序及控管現場及值櫃人員 2.餐後服裝儀容檢查
18:00	營業中	1.顧客接待、公關 2.安排適時顧客之服務人員
20:00	打烊前	1.晚間訓練課程 2.環境衛生管理 3.全店水電、瓦斯、各項設備安全檢查 4.確認次日顧客人數，並安排規劃操作服務人員

美容師的一日記事簿

時間	地點	工作內容	學習重點
10:00前	休息室	1.早餐、整理個人儀容、檢查清潔區 2.準備開會記事資料	學習如何掌握時間
10:00	大廳	1.參與晨會	瞭解團體分工合作的重要性
10:30 ↓ 12:00	櫃檯人員	1.注意談話內容、語調、禮貌 2.接電話時，留下顧客的姓名及電話 3.絕對以服從的心態，迎接工作挑戰	訓練與顧客之間的應對進退
	顧客來店前準備	1.注意儀容、口腔衛生 2.調理及準備美容用品、用具 3.準備乾淨毛巾、檢查熱毛巾溫度 4.保持愉快的心情迎接顧客	訓練自我的親和力
	顧客接待	1.以開朗的語調表示歡迎光臨 2.準備茶水、鎖保險櫃、更鞋、簽到	訓練自己應對進退
	更衣室	1.引導顧客到更衣室或沖洗室 2.協助換上美容袍、備妥好美容床	服從秩序、耐性的學習
	美容保養區準備工作	1.調整室內空調 2.準備溫水洗臉 3.準備腳背墊、儀器等各項器材	尊重顧客權利 及培養責任感
	保養注意項目	1.幫顧客蓋被單 2.將顧客拖鞋放置在躺椅下	紓緩緊繃的情緒
12:00	輪班用餐	1.避免與顧客所預約的時間衝突 2.在工作場所禁止進餐、吃點心 3.整理用餐後的口腔衛生及儀容	學習利用時間吸收知識
12:30 ↓ 18:00	空檔時間運用	1.宣傳單的發放、回call顧客 2.利用時間閱讀公司商品及特性 3.技術練習	學習安排工作先後順序及利用時間
18:00 ↓ 18:30	輪班用餐	1.衛生環境整理 2.垃圾處理 3.儀器歸位 4.拔除或關閉各項儀器電源 5.熄燈、關閉空調 6.與同事互道辛苦了，回家！	

C-6 業務規劃

The Marketing Planning

外場規劃

美容店營業面上若以月業務規劃來看，最好能預估到每月外場占總業績的百分之比，這樣才能洞悉每月的營收量有多少。在外場規劃上，建議至少要掌握住以下幾點：

1. 檢視上月來店諮詢的成交率，並瞭解無法成交的原因。例如，是否諮詢話術吸引力不足？要如何改進？或是說服力不夠…等，造成成交率不高的原因。
2. 瞭解每位顧客的成交金額是否偏低，並說明原因。
3. 電話諮詢的成交率是否偏低，或是完成電話諮詢，但來店率不佳，檢討改進的方針並說明。
4. 檢視上月顧客剩餘的未付款項，並預估本月的付清率，並說明要如何提升付款效率。

內場規劃

對既有顧客的業務主力開發的方向、促銷案、課程設計、及產品所鎖定的方向做規劃，針對每月主力課程適合哪些顧客？列出名單並分配美容師責任額，並加強開發課程、產品的延伸性。例如，上月主力開發××課程，本月即可加強開發另一種課程，並可結合冷門課程做整體性的開發、設計銷售話術。

促銷案（課程、產品）的規劃

最好是針對促銷商品做配套性的銷售，再依顧客的預算做組合性的推廣，千萬不要亂槍打鳥，造成顧客抱怨。

庫存商品的推廣

經營美容店，你一定要瞭解你店裡商品的庫存狀況。特別是對已存放超過三個月的庫存商品，如果不是常態性商品或已不再進貨的商品，可自行規劃銷售方案，並分配美容師責任額，鎖定開發方向、列出顧客名單，設法將庫存商品出清。而對常態性的商品，亦可規劃銷售方案或與總公司進行換貨，但應注意銷售量較小的商品，應進行進貨量的控管。

員工教育訓練的規劃

可配合業務規劃的方向，設定整體教育課程及個別教育課程。其教育方向應依照分店人員的資歷做規劃，新人可安排較為基礎課程。但對較資深的美容師，應安排較有挑戰性的課程。例如，電話諮詢、現場諮詢、促銷案、庫存商品的安排、話術說明等等。另外對技術專員階層的課程安排，應配合店長做本月份主力課程的開發，並加強開發課程的技術教育。（例如：本月主力課程的技術教育）。

客源開發計劃

美容店家在客源開發運用上，可以文宣作為基礎，以店為中心針對店的周邊區域及人潮洶湧的時段，進行發放文宣以幫助吸收客源。但對於已接觸過的潛在顧客，亦可透過「電話回訪」增加生意成交的機率，以下將為你分析如何對各種潛在顧客來進行電話回訪作業（參見表1）。

表1　電話回訪方法解析

<table>
<tr><td rowspan="2">曾經來電的顧客</td><td>（A級）已預約未前來的顧客</td><td rowspan="2" colspan="2">第1波：再次電話追蹤上述2級顧客，並確認目標人數。
第2波：若第1波攻勢無效，則寄發文宣用品予該顧客。</td></tr>
<tr><td>（B級）未預約但有留下聯絡資料的顧客</td></tr>
<tr><td rowspan="3">曾經來店的顧客</td><td>（A級）已付訂金，但沒再來的顧客。</td><td>加強電話回訪，若沒效果，可寄發試用包、試作券或免費券，以吸引其再次前來消費。</td><td rowspan="3">建議依左列三種潛在顧客分別列出名單、設定目標，並預估可完成人數，全力向行銷目標衝刺。</td></tr>
<tr><td>（B級）之前使用免費券、或體驗券試作一次，但未付訂金的顧客</td><td>可在萬用卡中附上現金禮券，寄給該顧客。使用現金禮券時，若想要效益佳，應在禮券上註明如下文字：
××店專用•本券為抵換課程專用•每人每次限用一張•顧客姓名欄_________</td></tr>
<tr><td>（C級）完成電話諮詢，但未來消費者</td><td>可使用生日禮券，以勾引其注意力、引起消費動機。</td></tr>
</table>

要作好客戶開發工作，除了透過媒體文宣而來的顧客外，另外也可以透過各種管道積極主動出擊，以爭取更多的顧客。如「名單搜集」就是一種很好的行銷方式。你可請顧客、員工、親朋好友等提供名單，並掌握名單的實用性，先發動第1波陌生名單的電話拜訪，對有意願的潛在顧客，應該緊接著寄發非常具有吸引力回饋專案的文宣，讓生意早日成交。當然你也可請現有顧客或朋友主動積極介紹，在鎖定對象、設定目標、設定預計完成之人數的明確目標下，相信你將會有許多預想不到的豐碩成效。

而透過異業結盟或店家拜訪的方式，也是一種非常有效的聯合行銷。你可針對你美容店周邊的店家進行拜訪，並與商家商談彼此異業結盟的可行性方式，並準備促銷文宣海報或依商家的消費程度做特惠回饋活動等。

除了以上的行銷方式外，對美容行銷而言，夾報也是一種不可或缺的銷售促進手段。身爲店長你應該檢視以往夾報的效益作區域劃分，並按日期、星期、報別、路段、數量來做規劃。但若初期效益尚在測試階段，區域劃分儘量不要重複，以測試其廣告接受度。

舊會員的公關規劃

對於既有顧客，我們也應該檢視生日禮券運用的行銷效益。外場已諮詢或試作顧客的推廣成效如何？在內場則必須檢討上月份顧客壽星名單的行銷效益並改進缺點。如果成效不好我們就應該檢討：是否贈送課程的功效說明不完整、不具吸引力，或顧客不明白贈送課程對自己的幫助及需要性有多大，所以導致效益不佳等種種因素。

要提升舊會員回call效益，可以依等級分配，較容易溝通的顧客，交由較資淺的美容師做電話回訪；困難度較高的，則安排給較資深的美容師，以達實質效益的提昇。另外店長每天亦應檢視意見箱之意見調查表，以瞭解顧客，掌握時效，解決問題。並加以統計得出結論以作爲日後改進的方向。另外如果有特殊情況的顧客，也應該詳細記錄其處理方法並加以追蹤。

在課程及產品的消耗方面，對於購買課程種類較多的顧客，應使用課程建議規劃書，以有效的安排課程的進行，幫助顧客達到最佳的課程效用。而對顧客購買的商品亦應做好管理追蹤責任。如顧客已帶回去使用的商品，應追蹤關心其使用狀況及剩餘量，以隨時可讓顧客補足其所需，以達顧客續購的持續性。而另對於顧客寄放的商品，也應檢視其有效日期，若商品因顧客寄放太久，導致將過期，應儘速與顧客聯絡，請其取回或代爲丟棄。

如果你店裡有針對貴賓寄發問卷，就要於月初追蹤上個月所寄出之貴賓問卷是否有效。如果沒效，也應該瞭解問題所在及改善方向。而對於文宣型錄的寄發，應該要求其有效性。首先可開列出本月預計開發的名單及份數作一篩選，如有多次回call無效者或依聯絡的難易度你應該選擇是否寄發文宣，如此才是經濟有效的文宣促銷計劃。

試用品一向是護膚保養最有效的行銷說服工具，經營美容店當然不能輕易放棄這種媒介。建議可善用這種方式，並藉由每月的定期發送，來檢討上月份已發出的試用品效益及其功效反應。未發的試用品，則要進行規劃並列出預計發放的對象，如依現有顧客的特性，教育為其服務的美容師，鎖定試用品贈送的對象，以達提昇後續購買力。

美容師個人業績規劃及領導方向

美容師的業績規劃	針對每一位美容師的個人業績作規劃，並逐一分析報告。可依主力商品、課程及促銷案，分配責任額，再依照新顧客所規劃設定的業績目標，以評估每位美容師的個人特質能力，做出書面報告說明。
美容師的職務分配	針對人力配備狀況做職務的分配，並須依照每位美容師的特質做職務的交任，不可隨意安排。並且依美容師的特質、資歷、性向、專長及想要成長的方向給予教育。

其他的業務努力

美觀的店內布置陳設規劃，絕對可增加顧客消費的意願。如在節慶、促銷案、年節時更應該做好店面布置，營造氣氛。例如情人節可以寫些浪漫的情詩，貼在分店，提供顧客參考，或買些金莎巧克力花在分店擺飾。另外如貴賓卡推廣計畫，對無貴賓卡顧客之開發；已持有貴賓卡者，則應將重點擺在如何使其到期或已過期續卡的意願。另外如果能做到「會員流量」的管理那是最好不過了。也就是說去瞭解你店裡自開幕以來的總會員數及目前常來的實際客流量，分析客量增加、或減少的原因，依其原因，做內部教育及改進方針。

C-7　幹部教育

The Education On The Directors

經營管理者的考核標準

各項評估標準計算公式	目的
(1) 業績達成率% （當月實績／當月目標）	目標管理是主要環節，藉此可瞭解業績達成狀況，此一數據足以影響經營的方向。
(2) 促銷案達成率% （實際達成目標／總目標）	促銷活動可促銷庫存商品，避免長期滯銷的狀況。再則利用開發冷門課程或商品的機會，避免人員忘掉銷售話術及該課程技術。

(3) 客戶來店率% (當月實際來店人數／當月預約總人數)	掌握顧客數量是不可忽略的地方，藉此瞭解服務品質技術等表現是否落實，另可掌握業績增進速度。
(4) 全勤率% (當月請假時數／營業工時)	藉由人員出勤狀況瞭解狀態，並適時充分溝通協調，以因此影響服務品質，而流失顧客。
(5) 分店人員流動率 (視當月實際離職人數計算)	人員流動頻繁，將影響員工團隊士氣，造成顧客的不安全感，因此應掌握人員動向及溝通。
(6) 人員薪資效益 (實收營業額／薪獎總額)	薪資生產力過低時，需檢視人員的能力與工作心態，適時鼓勵打氣並教育，以增進其效能。
(7) 損益比例 (當月損益表／利比率)	營業的目的在於利潤回收，此時檢視損益表內容將能掌握瞭解如何開源節流，以提升淨利。
(8) 坪效(以萬元計算) (當日營業額／該店坪數)	坪效數字愈高，績效愈理想，反之則需加強檢視該店的營業計畫，作適當的調整。
(9) 顧客來電諮詢效益比 (當月付訂總人數／當月來電總通數)	新顧客的掌握是累積客源的環節，效益比未能>70%，必須重新瞭解諮詢者在接待時是否有疏失，並隨時教育技巧的發揮，才能累計業績的提升及來源的把握。
(10) 顧客意見調查表滿意比 (問卷表總數／來店人數)	藉由顧客的反應內容，可有效的掌握心聲，「口碑」對我們而言是非常重要的；心聲的建議才能締造更佳的服務並增進業績。
(11) 回CALL效益 (依回call回來買課程，且付清者)	培養客情是每個人的工作內容，適時的追蹤回call，可瞭解顧客的動態及反應，是掌握業績的重要因素，並可藉此瞭解人員工作態度。
(12) 客訴退費事件 (視顧客抱怨退費事件是否造成公司損失)	損失1名顧客將失掉100位新顧客，因此應掌握顧客的感受。避免客訴才能使顧客持續光臨。(含直接與總部反應或意見調查表反應)
(13) 主管評分 (主管於每月績效表中評店長、副店長、顧問之分數)	藉此瞭解帶店幹部的表現及不足之處，適時給予溝通、培育與調整，同時可掌握個人特質、長才，使其發揮更有效的績效表現。

D

淺談中國美容業現況

Showing you that some statuses of beautifications in China

中國加入WTO的時代潮流將會給中國美容業帶來怎樣的衝擊？

中國美容業在面對國際競爭危機和機遇面前

應如何把握戰略性機會窗口？

本章節將引領你認識中國美容業的現況。

D-1　在中國如何著手開設美容店

How To Set Up A Beauty Salon In China

開店前的經營管理規劃

1.投資經營類型鎖定 ：想想看你想經營哪類型的美容服務。

2.市場研調：進行目標客戶、經營場地、廣告策畫、同類分析。

3.人才選拔 ： 著手經營主管、各部門人員的募集安排。

4.投入及費用、收入預算的評估。

5.現階段及未來的行銷上的競爭計畫、與風險預算。

6.長期整體經營發展的計畫。

店的裝潢投資及綜合性配套預算

裝修費用預算	占投資額15%左右	不適宜豪華裝修
設備投入預算	占投資額25%左右	檢查、治療兼備
產品種類選購	占投資額10%左右	
產品策畫及促銷的預算	占投資額10%左右	
人才投入	占投資額20%左右	
運作資金	占投資額20%左右	

財務管理及經營經費的預算概況

1.人員費用(工資、提成、獎金)	20%	1萬 （單位：人民幣）
2.租金	10%	5千
3.產品消耗	10%	5千
4.廣告	10%	5千
5.折舊	3.5%	1.75千
6.水電費	3%	1.5千
7.洗衣及清潔	2%	1千
8.修理、維修費	1.5%	0.75千
9.電話	2%	1千
10.其它(食及損耗等)	8%	4千

美容店經營成本運作範例

每個月$50,000元生意 每次護膚50元／次，每人每月4次 ×250人，1000次÷30天，每人購$200元產品，毛利40%，$50,000×40%=$20,000 － 提成10% =純利$15,000

銷售：銷售與服務收入應5：5最小，銷售是無限制，銷售是獲利潤的重要因素，但服務是欠錢的工具，之後才有其它收入。

D-2　在中國經營美容店如何留住人才

How To Retain The Best Talents In Your Beauty Salon In China

「士爲知己者死」留住人才的要領，從古到今都是一樣道理，畢竟人是感性動物，幾乎每個人都有「投桃報李」、「以心換心」的想法，相反就會失敗。因爲得到信任才能發揮其主觀動力和創造能力，誰最大限度地控制人，誰就擁有無敵的制服法寶，與人打交道已經是一件勞神費力的工作，更何況居他人之上，「治人」、「用人」、「管人」呢！管人就要攻心，做一個有人情味的上司，親切、隨和、善解人意，當員工把你當自己人的時候，你就成功，就征服了一切。

怎樣才能深得人心

1.摸透員工心。

2.多花點心思給埋頭苦幹的人。

3.用好心情感染人。

4.不要獨占功勞。

5.幫助有過錯的人。

6.適時地調整工作。

7.關注小事暖人心。

8.讓員工多參與商談。

9.每個員工都是大人物。

10.給下屬計畫發展的人生道路。

11.根據創利率調整收入。

12.提供工作指引、培訓，提供員工學習機會。

13.協助解決工作及私人問題。

如何做好成功領導

想要讓部屬付出誠意爲你效力，你就必須先付出自己的誠意。當領導者的決心若不夠堅決，就無法帶領下屬，因此你須比你的部屬加倍努力，才能贏得人心。除此之外，也要信任周邊的同事，讓同事因爲得到信任而發揮其主觀動力和創造能力。唯有以德服人才能成功領導。保持正確的人生觀，同時以身做則，並做到不恥下問，做部屬的保護人，對有困難的部屬應能及時拉人一把，相信必能贏得人心。當你不愼下了錯誤的決策時，若還能做到即時承認錯誤，那更會讓部屬加倍敬重你。當你忘記手中的權力時，事實卻已取發揮了影響力了。

領導者以德服人外，也要懂得正確的栽培部屬。刺激部屬學習的慾望，培養其積極向上的心理建設。因爲好人才必須輔以適當的栽培才有收獲。對待所有部屬應一視同仁，不得偏頗，公平地多加考察、眼見爲實，多一點幫助，即使是朽木也可雕也。

制訂切實可行的工作條件

1.因才而用，合理的分工。

2.爲員工創造開朗又富有吸引力的工作環境。

3.培養自動自發的精神。

4.堅守貫徹始終的工作態度。

制訂完善獎罰方案

1.工資激勵。

2.獎勵激勵。

3.支持激勵。

4.對他額外的貢獻給予獎勵和鼓勵。

5.讚美員工傑出的工作表現。

6.制訂未來可望及可求的遠景。

7.給員工明確的目標和富有挑戰性工作。

8.鼓勵員工公開討論自己的觀點和建議。

9.施加恰當的壓力。

10.推薦員工參加有助益的課程。

如何消除部屬的不滿

當員工有不滿時，身爲領導者應找出爭執的原因並尋求應對之道，把衝突消弭於事件剛萌芽初始時，並樂意聽取抱怨，多聽少講，作出明快合理的調整處理。如能敞開胸懷、團結衆人、凡事讓三分，相信一切的衝突與矛盾都能迎刃而解。

如何任用有本事的人才

當你能任用比你自己強的人，你的事業必將愈來愈壯大。重視有前途的年青人，多和優質人才交流思想。快速提拔，培養有潛力的超級明星，委以更多的責任，付給更豐厚的報酬，時常與他談工作。如此滿足優秀人才的志趣，未來他回報給企業的，必將使你企業幫助匪淺。另在避免人才流失方面，當優質人才求去時，你一定要努力盡到挽留的責任，讓員工有歸屬感，加薪是一種肯定的方法。但當瞭解到事實無法挽留時，也要做到祝福對方的寬闊胸襟。

優秀員工之特徵

1.敬業精神
2.有創業能力及學習潛力
3.好的道德品行
4.反應力強
5.願意學新東西
6.擅於溝通
7.能夠合群
8.自我瞭解
9.適應環境

不能重用之人的特徵

1.投機者
2.自命不凡
3.權力慾強
4.四平八穩
5.愛虛榮者
6.奉承拍馬者

如何看待人才

一位不適合的員工會浪費企業的資源，因此在人力資源的部分，要能明智的投資在正確的人才，才能健全企業體的財務狀況。一位糟糕的員工將會趕走好的顧客，而好的員工會讓企業管理更加容易。每一位員工都有自己的眼光和價值，當企業正確地花在招聘上的時間和努力，將會確保整個企業的健康運作。「人才不等於完人、人才不等於奇才、人才不等於全才」，當企業能夠與此觀點正確看待人才時，你企業的成功就有希望了。

怎樣鼓舞員工、收服頑劣的員工

對經常缺勤的員工

1.加強規定。

2.堅持懲罰。

3.瞭解原因。

4.多與溝通。

5.帶頭做好。

對反對你的員工

1.關懷備至、情理並驅。

2.勿計前嫌、處事公道。

3.親者從嚴、疏者從寬。

4.開闊胸懷、勇擔己過。

5.弄清原因、對症下藥。

6.嚴格執行、決不手軟。

通常經營者對愛唱反調的員工，因較不好對付所以往往避免指派，但因此而造成管理不公，容易使團隊士氣瓦解。此類員工事出必有因，應多瞭解幫助，一旦能消弭其負面影響，對企業的好處肯定多於壞處。另外一種愛鬼扯的員工，對事往往容易斤斤計較、互相推諉，弄得雞犬不寧、人心不穩。身爲經營管理者，其實只要瞭解其輕重，找出對方的優點、給予責任分明嚴格執行，還是可以收服的。而對於喜歡依老賣老的資深員工，應該確認其權責，滿足他的自尊並激起他的奮鬥心，讓他爲教育及帶領新人多盡一份心。在工作上應一視同仁，坦誠相處。而對刻薄易怒、猜忌多疑、爭強好勝、奉承拍馬性格的員工，應相反的以更積極健康的心態回應，才能獲得對方善意的回報，改善人際關係的緊張情勢。

如何成為受歡迎的老板

一位受歡迎的老闆應該做到以下十點：

1.不嘮嘮叨叨。

2.心情好。

3.公平。

4.大方。

5.說話算數。

6.善解人意。

7.擅於誇獎人。

8.幽默感。

9.栽培員工。

10.與員工同甘共苦。

另外在中國經營美容店，其店長、技師的培訓、考核、課程及晉升等等，最起碼應具備以下的項目：

1.接受正確而專業的美容師經營管理課程。

2.接受科學的基礎專業知識。

3.掌握各種操作手法和護膚等專業技術。

4.瞭解美容儀器的性能和安排。

5.瞭解皮膚知識與人體生理。

6.瞭解人際關係的建立方法。

晉升及發展計畫

1.晉升的基礎要求

2.行政表現、能力體現、創利價值、人際關係、學習心態。

3.發展計畫（職種的要素、店長的要素、合作夥伴的發展）。

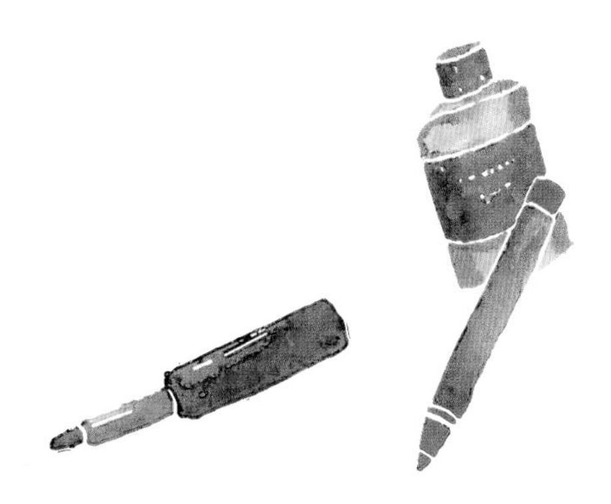

D-3 在中國美容師職能標準及職責

Professional Assessors & Duties Belongs With A Beautician In China

技術助理

標準

1.經過美容學校畢業，持有初級美容師證書。

2.有半年以上的實操經驗，熟練掌握美容護理的基礎程序，按摩手法、普通儀器的使用及保養，如離子噴霧機、冷噴機、徊振旋動儀等。

3.對連鎖店各類項目的產品、技術操作要初步熟識掌握，對本職工作要盡心盡職，遵守各項規章制度。

職責

1.協助美容師做好各項輔助護理，如鬆馳背部、洗背、手部按摩及產品儀器的準備，其它護理操作不得擅自進行。

2.由主管推薦，技術部考核，根據工作中的需要，再由主管安排為顧客做全套美容基礎護理（其他人員不得隨意安排美容助理工作）。

3.協助主管工作開展，整理店內的環境衛生及產品、儀器的擺放、清潔、保養。

實習美容師

標準

1.持有初級美容師證書。

2.有一年以上的實操經驗，除熟練掌握美容專業技術護理及產品外，對美容諮詢表的內容要熟練掌握及正確的填寫，完成公司所制定的銷售及業績。

3.初步認識紋項及美體（減肥、豐胸）的操作。

4.店內特別儀器的使用要熟練的掌握，如美顏機、摩術手套、導入超聲波、太空艙、四功能機、冷光機等。

5.顧客追蹤服務要有計畫期聯絡並記錄，強化語言技巧（諮詢、銷售、溝通）。

職責

1.熟練掌握店內各類產品的使用、美容儀器的操作及保養，美容各項目的流程，根據客人皮膚性質設定流程計畫。

2.積極配合主管工作及完成主管所分配工作。

3.鞏固技術銷售能力，學習及提高新的技術。

4.努力完成銷售定額。

正職美容師

標準

1.持有中級美容師證書。

2.有兩年以上實操經驗，不僅對美容諮詢有較強分析力，對項目、產品的銷售也有較好的說服力，完成公司所制定的銷售額及業績。

3.紋項：紋眉、種眉、紋上、下眼線、紋唇線及紋全唇。美體（減肥、豐胸）：原理、諮詢；套量、儀器正確操作、產品應用、營養飲食、顧客須知等。以上兩種項目必須熟練掌握其中一項。

職責

1.加強技術提高及諮詢、銷售能力，計畫地進行售後追蹤服務。

2.積極配合主管的工作，完成公司及主管所分配的工作及任務。

3.精通店內各項專業技術及各種儀器使用操作，學習及加強新技術的提高。

4.嚴格要求自己完成銷售定額。

美容師導師

標準

1.持有高級美容師證書。

2.有三年以上實操經驗，不僅有中級美容師所掌握的技術，還需要掌握化妝技巧（新娘妝、淡妝、晚妝）及專業修甲技術等全面的技術。

3.積極完成公司所制定的銷售額及業績。

職責

1.鞏固專業素質及技術、銷售能力，熟練掌握新技術，全面發揮。

2.積極配合主管的工作，有責任幫助其他美容師提高專業技術、諮詢、銷售。

3.強化員工並多方面與顧客溝通及售後追蹤服務。

4.嚴格要求自己完成銷售定額。

美容師講師

標準

1.必須符合高級美容師所應具備的標準。

2.有五年以上實際操作經驗，有能力或主持培美容體專業課程及小型的美容美體示範或講座會。

3.工作中能獨當一面，有能力緩解顧客對店內抱怨及處理護理中顧客的投訴。

職責

1.除了完成公司所制定的銷售額及業績外，要積極幫助美容師提高技術及各項計畫，銷售業績的完成及配合主管工作的進度，達成本店的營業額目標。

2.服從公司所安排的工作任務，加強自己的專業語言技巧，提高表達能力。

技術培訓主管

標準

1.有五年以上實際操作經驗及一年以上美容院管理及主持美容院全面工作開展的經驗。

2.對店內的所開展的專業技術要全面熟練掌握及產品儀器管理、使用、保養等。

3.品質優秀、能力出衆、擅於處理、解決問題及溝通能力強。

職責

1.配合公司管理中心，開展各項管理工作，完成公司所下達銷售指標。

2.隨時掌握美容師的思想變化，有責任幫助美容師技術的提高及監督各項工作。

3.能夠緩解及處理客人的抱怨或設訴，必要時與公司管理中心聯繫，對公司所下達指示要準確有效地傳達給每個美容師。

主管助理

標準

1.在本單位工作一年以上，熟悉各項管理制度並嚴格執行。

2.熟練掌握各項技術及產品的使用，對工作認眞負責，有較強的責任心。

職責

1.積極認眞地配合店長的管理工作，直轄市店長的安排，做好店長不在場時的管理工作。

2.以身作則遵守公司的規章制度，並督促所有美容師認眞執行。

3.及時將店長不在場時產生的問題向店長反映並商討解決方法。

技師崗位要求

標準

1.服從主管工作分配，每天必須至少做兩個嘉賓卡客人，做三個以上方可計算加班時間，由主管簽名認同，不得擅自補鐘及自行將嘉賓卡的客人轉交美容助理做，違者扣分（10分）。

2.嚴格按照各項流程的護理時間，不可過短或過長，違者扣分（10分）。

3.美容師之間應發揮互助精神，不可自私自利，斤斤計較，互相搶客，特別是IC卡的客人。

4.美容師在爲顧客護理中不得因其它事因擅自離開顧客，停止服務，違者扣分（10分）。

D-4 在中國經營美容店的各項管理規範

The Administrative Forms In Your Beauty Salon In China

每日核查表	
店內檢查 1.清潔、整理環境 2.清除客人用的洗手間 3.清點材料及其他備用品 （1）材料是否齊全 （2）待客用品是否齊全、整潔（如煙灰缸、書報、贈品） 4.檢查設備 （1）燈光 （2）音響 （3）綠化 （4）其它設備 （5）打開燈、空調與設備的開關 5.櫃台作業是否準備好	店外檢查 1.POP （1）是否破損、弄髒？ （2）是否過時？ （3）從遠方看是否很搶眼？ （4）與營業店的形象是否相互輝映？ （5）比附近的同業店是否更有特色？ （6）與鄰近的商店相調和嗎？ 2.招牌 （1）容易看到嗎？ （2）容易讀出來嗎？ （3）大小適中嗎？ （4）富有個性嗎？ （5）容易引起強烈印象嗎？ 3.展示櫥窗 （1）展示物是否新鮮，包裝是否變色？ （2）清掃工作是否做得徹底？ （3）與商品的陳列匹配嗎？ （4）是否考慮到設計和色調？ （5）設置的場所是否適當？ （6）是否能吸引逛街的顧客？ 4.店的空間 （1）寬度夠嗎？ （2）發揮誘導的作用嗎？ （3）空間四周是否布置整齊？

<table>
<tr><th colspan="2">每日工作指引</th></tr>
<tr><td>早會
1.營造積極的工作氣氛
2.人事確認
3.工作調派
4.尋常狀況報告
5.勉勵員工
6.客戶特殊案例研究

營業
1.「營業中」的告示是否做好色彩管理？
2.照明的質、量、方向是否適當？
3.店的廣告有刺激性嗎？
4.背景音樂是否合適？
5.營造出獨特氣氛嗎？

後勤管理
1.櫃台
（1）相關用品的準備如何？
（2）應付顧客的準備如何？
（3）零錢足夠嗎？
2.後方
（1）是否整理妥當？
（2）是否清潔衛生？</td><td>店長
1.顧客狀況
（1）顧客數
（2）消費項目
（3）新舊客戶之比率
2.員工狀況
（1）穿著是否端莊整齊？
（2）髮型是否整理？
（3）指甲是否修剪？（男性）是否刮鬍子？
（4）員工的情緒如何？
（5）是否常彼此聊天？
（6）員工的勤勞度和協調度如何？
（7）輪班是否順暢？
（8）待客禮節是否正確？
（9）客戶是否等待時間太久？
（10）顧客情緒是否良好？
（11）顧客溝通是否順暢？
（12）顧客是否有不滿或抱怨？
（13）現場的管理是否勤快及清潔？有否打擾客戶？
（14）缺料是否馬上有安排？
3.店內整理
（1）空調是否需要調節溫度？
（2）鏡台是否保持清潔？
（3）物品是否足夠？
（4）物品擺放位置是否全部安排妥善？
4.店內空間
（1）通道長度是否適當？
（2）通道寬度是否適當？</td></tr>
</table>

每日工作指引	
店務會助理（1） 1.主管是否在場安排 2.排班是否順暢？ 3.提醒、指揮員工 4.安撫員工情緒 5.注意顧客的接待，勿令其受到冷落 6.抱怨的處理 7.櫃台工作的準確性 8.收款、找零錢的動作是否正確？ 9.待客用語是否自然？ 10.注意音響的音調調整 11.注意空調的溫度調整 店務會助理（2） 1.清潔工作的實施 2.員工相互整理儀容 3.講解尖峰時段的對策 4.個別或組別面談 5.與各組組長開會及檢討 6.有時間舉行小型訓練之實施	行政主管（1） 1.事務檢查 2.出勤狀況 3.值班人員 4.有關報表、請款之審核 5.材料之訂購 6.與各組組長之會議 7.各項檢查之確認 8.各項計劃之具體指示 9.員工出勤之確認、工作分配 10問題處理確認 行政主管（2） 1.對總部之報告 2.營業狀況報告 3.收支狀況報告 4.特殊事項報告 5.提案請示 6.其它聯絡事項

<table>
<tr><th colspan="2">每日工作指引</th></tr>
<tr><td>策畫主任（1）
1.業務行銷
2.預定促銷活動之推行
3.競爭店的狀況調查
4.同行調查
5.新方案構思
（1）年度的活動計畫是否適當？
（2）考慮到地區條件嗎？
（3）區域資源是否充分運用？
（4）活動時機是否適當？
（5）是否向顧客作生活提案？

策畫主任（2）
1.業績分析
2.確認營業收入
3.顧客人數之確認
4.消費項目
5.商品、材料使用情況是否缺貨情形</td><td>收款員（1）
1.打佯作業
2.照明減半
3.店外POP及活動招牌搬入店內
4.拉下大門
5.店內清潔
6.督導分組的清潔工作
7.器具與設備之整理

收款員（2）
1.結帳
2.當日營收款項之整理計算
3.對照帳單和現金
4.確認當日營業額
5.現金及帳冊之保管收存
6.確認帳冊，保險櫃上鎖
7.確認庫存
8.準備訂購事項
9.整理
10.店門及環境檢查
11.防火安全確認
12.人員離店</td></tr>
</table>

<table>
<tr><th>每日工作指引</th></tr>
<tr><td>值日生章程
1.各店每日有兩個值日生（早、晚班）由主管安排執行輪籌制
2.每班值日生應執行交班制度，塡好交接班的表格並簽名。如發現損壞及丟失物品即刻上報主管，即時處理
3.協助主管各項工作管理，特別主管不在之時應擔負管理店內的工作，特別是產品儀器之服務工作
4.除了做好本職工作，應按公司制度要求嚴格執行管理監督責任制，如有問題即時向主管或管理中心匯報即時解決
5.美容師對每個值日生進行評比（塡評比表），由主管負責交給美容中心，作爲評選最佳員工的參考
6.每班值日生作由主管監督，並每日對每個值日生進行評分，半個月一次由主管交至管理中心</td></tr>
<tr><td>收銀員制度

崗位責任制
1.自覺維護公司形象和聲譽，要對客人熱情、有禮、服務周到
2.必須如實全面計算營業收入，維護公司的合法利益
3.公司營業收入的資料和數據必須保密，不得向無關人員洩漏
4.仔細、認眞準確地收取營業款項，杜絕隨意調動價格並妥善保管好當班的營業款，如因擅離職守導致發生差額一律由當班收銀員照數賠償
5.嚴格按公司要求塡寫使用和保管好收據及帳單，如有遺失或違反規定就情節輕重給予不同程度處罰
6.認眞監管店鋪內產品庫存，每月月初按時盤點和提交產品報表（耗用、勞賣、庫存）公司以不定期方式，抽查店鋪庫存，如有遺失由收銀員負責
7.嚴禁營業款借給私人使用，違者將以挪用公款處理
8.違反公司財務制度和違紀情節嚴重者，將追究刑事責任

工作程序
1.開關鋪的處理：
（1）早班收款員每天10:15AM後上班後到管理中心收取資料
（2）晚班收款員收鋪後上班向管理中心輸送當天資料
（3）晚班收款帳單與次日早班帳單一同計算，如現金太多可先將部分存銀行
2.交班手續：（嚴格按公司規定的程序和要求進行）
（1）打印交班小票，塡寫班次表上
（2）結算備用金，留給下一班的收銀員
（3）核算當班現金和業績，若有誤差請在班次表上登記清楚
（4）把當班所有營業款全數送入銀行
3.接班手續：
（1）查核上一班是否完成交班工作
（2）點收備用金
（3）檢查帳點是否有誤</td></tr>
</table>

店長工作手冊
1.抽查美容師的專業知識，包括產品、課程、技術等方面 2.將公司的最新訊息帶到各中心，準確傳達給所有員工，並清楚說明具體做法共同達成公司的目標標準 3.留意美容師待客的態度、儀表、技巧等，提高全部員工的專業素質 4.同客人閒談，以瞭解美容師的服務素質和客人需要，及時向公司反映 5.留意店鋪產品的擺設是否適當和有吸引力，營造好舒適的消費環境 6.定期去競爭對手的店鋪體驗一下，留意對手的策略、產品的特色、店內的擺設等 7.留意美容師的情緒變化，及時解決他們本身的問題，並聽他們的意見，發揮他們的所能 8.對工作出色的員工加以表揚，對沒做好工作的員工坦誠相告，令他們保持心情輕鬆，讓工作作得更起勁 9.每個月寫一份報告，關於店鋪的生意對比、客流量、美容師的表現等，還有產品的銷售情況 10.依據幾個方面去觀察評估所以員工：工作態度、顧客對應，同事間的協調性、業務技能等。

D-5　在中國如何行銷美容

How To Market On Beautifications In China

服務價格及商品價格的制定。根據已定的經營規劃種類、檔次依同業標準後制定，做到人無我有，人有我好的經營理念。再者如美容店的廣告策畫及多元化促銷活動，依據已定的經營規劃，鎖定目標市場、目標顧客的種類及感受，而策畫各種廣告、宣傳及促銷方案。例如：專門服務25～50歲女性顧客，根據此群目標消費者之需求所定出的售價（服務、產品）再尋找消費群的位置，設定有效的拉動消費。

另外也不要忽略了市場信息的收集與整理。對於同類競爭的市場潮流（產品、價格、人才、設備、廣告等）要保持高度的靈敏性。

至於要如何提升業績，以下將提供明確的指引：

1.比隔壁的做得好一點。

2.優秀的職員可以提高20%的經營業績。

3.重點經營店的「當家」產品。

4.旺季一定要熱賣。

5.充分利用銷售淡季→店宣傳推廣期。

6.顧客變「常客」→VIP、積分、獎勵、人際銷售。

7.靚貨是關鍵。

8.集團消費要把握。

9.人力服務、物力、訊息、技術、情感、個性（爲個人設立特別服務），主題服務（集中策畫的服務目的，吸引新客、樹立形象）等。

10.老板坐店。

對顧客的投訴、應對及相關的法律常識，妳也應該有充分的準備。當顧客在服務或購買商品時，不稱心就會有不公平的心態，產生抱怨，然後進行投訴。

當遇到顧客抱怨時，應該認眞接待，給予妥善的處理。如果我們能夠抱持顧客永遠總是對的，將心比心的站在對方的立場著想，及時解決問題，讓負面影響降到最低，最終如果能讓對方繼續在店內消費，這才是行銷的最高境界。

總之，在中國經營美容店要成功，除了充足的資金與有效的管理，良好的行銷手法，再配合合作無間優質的美容從業人員共同努力，將可帶領你在中國經營美容店成功。

E

企劃行銷亮晶晶

Marketing Planning Is Shining A Way

經營美容店，除了優質的美容專業服務外，

更需要注入企劃行銷力來拓展營業的點線面。

如何規劃促銷案拉抬業績，商圈怎麼耕耘才有效，

異業結盟有那些選擇與好處：本章將引妳進入美容行銷的精髓。

E-1 如何設計一炮而紅的促銷案

How To Plan A Successful Campaign Of Sales Promotion

促銷活動的規劃，主要目的乃在於增加顧客的購買慾望。所以，唯有一套內容豐富，有買點吸引力的案子，才能直接創造好的獲利；並且贏得顧客的愛護與支持，也才眞的能達到促銷活動的目的。

提升營業額
1.增加顧客來電數量
2.提高各項商品營業額
3.刺激游離顧客的購買慾望

促進商品迴轉
1.新商品、新服務之項目上市的推廣
2.加速滯銷品銷售
3.庫存出清

促進企業活動
1.強化連鎖企業形象
2.提昇與會人員的士氣

促銷活動的行銷利益

商圈耕耘
1.對抗競爭店
2.活絡店面氣氛

促銷活動時程
1.長期節慶及年度行銷策略的活動
2.短期提升業績活動

促銷活動規劃的衡量

當我們在規劃設計一個促銷活動案時，要衡量的層面很多；可依消費環境、市場區隔、市場定位、及如何推廣並與消費者利益做結合，也才能創造出一個能引人入勝、締造絕佳買氣的有效促銷活動。

消費環境－做調查統計分析	先依目前的市場競爭環境、態勢走向、以及消費者的行爲、型態、趨勢做一完整的調查統計分析報告。
市場區隔－機會研判	須以整體性的觀點，客觀分析問題的發生是否會影響業績、市場占有率、形象等。以確立促銷須解決的問題爲何，並研判問題產生之重要與影響度。
市場定位	1.目標方針：考量目標要客觀、審慎評估市場據點、設定商品組合、並以優惠價格吸引。 2.設定目標時，必須同時考量市場缺口與衡量指標。 （1）市場缺口＝整體市場的注意誌號；目前尙未達到滿足的部分、品牌認知。 （2）市場占有率衡量指標＝配合市場缺口的分析，設定促銷活動，並於結束後做評估項目成爲指標。 3.策略運用：要詳細研判是否一定要用促銷活動才能達成上限目的，是否有非促銷方法可使用，也就是擬定最適當的行銷策略與手法。
推廣－企業競爭力	加開促銷說明會，將促銷目的、活動辦法、活動期間、執行配合單位及事項特別個案處理方法，應對話術。
與消費者利益結合－企業目的	達到雙方雙贏的功效、顧客滿意、企業獲利提高。

根據節慶與特殊日子制訂促銷活動的建議

月	活動重點	特　　性	重要節日
1	◇舊顧客回娘家保養活動、促銷回饋	迎賓回饋忠誠顧客	開國紀念日
2	◇春節臉部大掃除酬賓回饋 ◇情人節禮盒	換一張臉讓新的一年更有新氣象	農曆春節 西洋情人節
3	◇換季保養活動	春天的腳步來臨，氣候溫差大，調整皮膚的生理期	青年節
4	◇瘦身美體活動	爲迎接夏天來臨，先有好身材	婦幼節
5	◇母親節回饋保養活動	讓天下母親成爲最美麗的佳人	母親節
6	◇身體美白去痕活動	六月新娘結婚保養	端午節
7	◇除痘去疤活動	夏季痘痘容易長，解決學生的困擾	
8	◇美白去斑活動	曬傷肌膚的更新調理	七夕情人節 父親節
9	◇秋季美容保養活動 ◇身體減壓活動	秋冬保濕	中秋節 教師節
10	◇抗敏防護活動	季節更換、預期肌膚不穩定	國慶日 光復節 總統誕辰
11	◇冬季肌膚保養活動	氣候變冷、肌膚保濕、調理、滋養	國父誕辰
12	◇耶誕回饋酬賓活動	節日慶典	聖誕節

E-2　走向群衆，客人自然來

There Are Always Some Customers To Be Reached When You Have Gone Around Crowds

我們經常聽到一些人抱怨說：「我很難找到可開發業務的新對象」。其實開發新對象的方法有許多種，然而頂尖的銷售人員會在開發事務方面成爲翹楚，是在於他能走出「既有窠臼」，利用社交、娛樂和社會服務中接觸一些未來可能變成客源及機會的朋友！

進行人員銷售式的行銷，需要仰賴大量的人脈資源與靈活的的促銷手法，才有可能有一番好成績。因此，您必須投資一些時間，去接觸您曾服務過的客戶，或去參加各種社團活動，認識一些將來可以變成你的客源的朋友，貢獻您的智慧、心力、才華以獲得大家的尊敬及認同。記得！參加活動、結交新朋友，不是要認識誰，而是讓「誰」認識你，認識能爲您推薦新客源，且具有影響力的人物，和他們建立良好友誼關係，才是稱霸群雄的不二法門。

如果您能做好上述所說的細節，並從中學習、求變、調整自我等相關環節下，相信您將成爲最優秀的成功人士。以下我們提供您幾種如何主動出擊的行銷手法。

街頭散發ＤＭ傳單，小兵立大功

透過街頭散發的ＤＭ傳單，因具備廣泛性的觸及，可直接與潛在顧客直接互動，因此也可有不錯的回應成效。當進行DM傳單發放時，應掌握以下原則及應注意的細節：

1.爲發放人員做好心理建設，消除因面子問題而怕生的心理。

2.當行人迎面而來，發放人員應與其四目相接、面帶笑容。

3.不需當場講解。

4.發放DM可能會遇到的狀況，如妳笑臉迎人，可是來者卻不收DM，反而向發放人員瞪白眼。行人可能收了DM，但卻走三五步後即丟棄，或是當面隨即丟棄。立於商家門口或附近發放，造成商家不悅。若對方要求離開，此時應以和善態度相應，以免日後難以於此進行作業。若人員於活動四周，見到被丟棄的DM，請立即撿拾。

5.當您的美容師反應爲何不雇用工讀生來散發DM傳單？您應

該給他們做好以下的心理建設：

（a）工讀生沒有專業人員的姣好面貌及形象。

（b）工讀生較無敬業精神，無法以自然和善之笑容面對潛在顧客。

（c）工讀生可能因疲累而影響儀態，將身軀歪斜傾靠於牆邊，嚴重影響美容店的形象及減低DM傳單發放的效應。

對於如何評估DM傳單的效益，我們建議以成本的角度分析。因為DM傳單不須太多太龐大的宣傳費，假設一張3元×3,000份＝9,000元，若因此DM傳單的發放而增加一位顧客來店消費，成本即可回收，則第二位顧客即可開始創造盈餘。當然我們將可從店裡的具體電話諮詢來電數，以評估散發DM傳單的回收效益。

另外對於競爭同業的廣告訴求，也應隨時保持適當的策略性應對。如從該店附近方圓四周同行沙龍做比較（新開幕之沙龍、比較做法及價位），從同行中瞭解其優點、缺點，以因應話術應對。如此機動性的行銷觀察，所開的美容店才能在市場上立於不敗之地。

融入社區，以人際關係引導行銷

可以透過社區管理委員的接洽，以免費服務社區的方式，提供相關的美容資訊。例如，如何保養和化妝，另可贈送參加者體驗券之試作，以招收新客源。

另外也可舉辦小型發表會，透過拜訪公司行號，如保險業、銀行、企業團體、獅子會等，來進行發表會的舉辦。

當然最好能拜訪到企業福利委員會的負責人，對行銷的助益是較大的。在思考發表會的舉行時間，可以結合企業舉行員工活動時搭配舉辦，或於特定日期，或在午休時間、下班時間舉行。同時也必須將該團體的特質納入發表會內容的規劃設計上，在一位講師配合二位或一位人員共同參與下，如此才能將發表會發揮的淋漓盡致。在活動現場需要準備美容店的DM、型錄、商品試用包、試作體驗券、及課程內容介紹時所須使用的商品，讓參加者藉由瞭解激發消費購買的需求。

異業結盟創造雙贏

異業結盟，係依照顧客種類、行業別的不同，結合各種消費層次及消費者，互創業績的獲利，進而讓企業形象提升，商店間彼此認同，互相推廣，除了帶給既有的會員更多省錢的消費方式外，更能讓顧客與我們都能創造雙贏的局面。

而如何尋求異業結盟的對象呢？建議可以店的方圓四周找尋適合的店家進行拜訪，待合作對象覓妥後，規劃設計出一套雙方都能互惠的結盟優惠方案，並將海報的設計與張貼、互換優惠券、會員名單的交流都納入合作方案的考量內。當然能給予異業結盟店回饋好禮（例如：介紹費、特別折扣、免費招待等方式）自是最好的誘因。

在進行異業結盟的實務上，每家皆應由一位專人固定進行聯絡回訪較好，而且能固定在每星期到結盟商店與店家負責人聯絡感情，交流最新情報。在合作方案談定後，最好與異業結盟廠商互訂一份合約書對雙方都較有保障。同時在我們店裡，也要宣達給美容師們知道有這項異業結盟的優惠方案，才不會讓活動的效果打折扣。

F

美容銷售精靈術

The Selling Magic On Beauty Salon

一位客人從踏進美容店到生意的成交，身爲美容服務人員，

如何施展她的完美行銷八法，

挖掘顧客內心深層的需求，並在生意成交的關鍵時刻，

臨門使上五大絕招，讓妳的客人心甘情願的掏錢買帳……

本章節將說明如何稱職做好美容店現場服務銷售工作。

F-1　完美行銷八法

The 8 Principles Of Perfect Marketing

行銷是什麼？行銷最簡單的定義，就是以可獲利的方式來滿足消費者的需要。行銷的任務爲何？行銷的任務最易瞭解的就是「創造、推廣及傳送商品與服務給消費者和企業機構」。

爲了讓客戶滿意，也爲了讓自己的生活更好，贏得認同與尊敬，身爲一名專業美容師，必須行銷你的「服務」。

打從一開始，你就必須瞭解「行銷」是你自己與顧客間重要的聯繫，而「服務」即爲行銷的根本。身爲美容師，你與顧客建立起密切的關係，當他的身材或膚質，經由你的專業技能及知識而獲得改善時，你一定會有一股強烈的成就感！當然，也因此得到豐厚的報酬。

所以，我們知道，在某一方面，人們購買商品或服務時，他們購買的也是一種「關係」，這種情況對美容業來說，尤其明顯。顧客會尋找能夠滿足他們美容需求的產品及服務，並且就此依賴你的指導。假如，你充滿自信、態度熱忱，而且又能表現出專業精神，他們自然願意相信並且購買你所推薦的產品或服務。那你就已經成功的行銷你自己了！

要在美容這個行業成功行銷，你絕對不可不知的，以下的完美行銷八法將給你最堅實的成功籌碼。

以諮詢取代推銷

最有效的行銷，就是採取所謂「諮詢式行銷」來解決顧客的問題，也就是說，你必須幫助顧客、關心顧客，進而滿足顧客的需求。諮詢式行銷並不會因爲賣出商品而結束，它是一種建立在顧客與美容師之間的長久關係。

專業形象

專業形象是取得顧客信任的本錢，有的人認爲形象僅僅是表面的；其實，它是我們內在形諸於外的具體表現。

當你培養出良好的專業形象時，你的內在也會變得更爲美好；你在顧客或其他人的眼中，也變得更有價值。你所想、所說、所做的每一件事，甚至於你的姿態與儀表，都會影響到顧客的反應。所以，請務必勞勞記住，你是專業人員，是美容專家，千萬不要讓你的儀表與舉止，減損了專業形象；因爲，專業形象對行銷而言，實在是太重要了！

瞭解商品與服務項目

要能充分且深入地瞭解自己所行銷的商品或服務內容，對其成分及功效要加以研究，才能提供顧客優質的服務，也才可避免答不出來的窘況！

傾聽

做一名有耐心的聽衆，仔細聽顧客想要什麼，需要什麼，不要單以產品或公司的觀點去思考，要能以心理學的觀點去想。有的人想要白皙健康的皮膚，有的想要藉由舒緩的護理，來放鬆生活或工作上的壓力。從聆聽中，你可以瞭解及判斷顧客的需要，進而提供令他滿意的服務。

提出問題並加以分析

當顧客有疑問時，或是在行銷時有阻礙，應主動提出問題，並且設法為顧客找到解決的方法。

注意顧客的內心感受

隨時注意顧客的反應，你可以從其中得到啓發。通常，適時的關心與慰問，更能博取顧客的歡心。

強調效果

顧客在接受服務的同時，其實他最想要的是服務後所產生的「效果」。所以，與其告訴他「我們有一種最好的商品！」；不如告訴他「我們的商品能讓你得到什麼效果！」

實際感受勝過千言萬語

再怎麼利害的推銷，都比不過讓顧客去「實際感受」！你可以好好的利用「試用包」、「試作卷」，將產品介紹給顧客。以其眞實的好效果，獲得顧客的肯定。

有了以上的認識，並不代表一切就必然順利。因爲在人生的過程中，「拒絕」往往是無可避免的，所以，「達成銷售」正是完美行銷的最高準則。完美行銷八法的每個步驟都環環相扣，缺一不可。熟悉每個準則，且不斷實務操作，定能讓你在各方面無往不利。因此在你的心中務必要有一個觀念，那就是以腳踏實地逐步練習的「循序漸進」、「觀摩學習」以觀察學習別人的成功之處，吸收別人的經驗，並加以揣摩、演練，以達成既定目標、將所有的學習都內斂成自己的一套，與自己的個性互相配合，而且容易與人相處，隨時讓人覺得愉快、喜悅如此的「技巧內化」三項原則。

當有了紮實的功夫，不論遇到何種類型之顧客時，都可靈活運用這完美行銷八法。但千萬不可「故步自封」，碰到顧客刁難時，可以回頭利用「諮詢式行銷」來探詢顧客的眞正需要？他心中想什麼？甚至在顧客猶豫時，立即呈上所「建議」的療程及產品，試探顧客的接受程度。換句話說，推銷八法是交錯運用、可上可下、可攻可守，而非一昧的推銷，令人感到厭煩。

以自己使用過的卓越效果心得的親身例證，透過口述分享給對方。對方會在不知不覺中，很容易被觀念洗腦，而在心中對該品牌商品產生信心與好感，這是人際關係行銷的一種應用。另外也可以運用社團關係，將本身服務公司的服務優點透露給社團群體知道。如果能夠加入他們，把自己融入其中，不但對本身業務的推廣有助益外，也可貢獻自己的時間與意見，這在事業上或人生旅途上，都可能得到意想不到的回報。

F-2 優質行銷的特質

The Characteristic Of Excellent Marketing

美容師因爲具有美容專業知識，所以，才能建議適當的商品給顧客。但顧客因爲對商品不瞭解，所以會產生排斥。這時候，美容師要回過頭思考一下，是否解說的不清楚，或是太強勢，檢討出原因，並加以改善。

當顧客的抱怨對店家及人員來說，的確是件麻煩事，需謹慎處理，否則，可能會使公司蒙受莫大的損失。凡事都有一體兩面，假若處理得當，就算是顧客抱怨、投訴，也有可能因爲你得體的處置，而成爲你忠實的好顧客，甚至於幫你介紹更多顧客。反過來，假若處理不當，則可能因爲這個顧客，損失250位潛在顧客。況且，網路的無遠弗屆，假若顧客將不滿利用網路散播，那公司的信譽將一落千丈！

唯有愈挫愈勇，不怕失敗，勇於嘗試的人，才能享受成功的甜美果實。這是大家都懂的道理。科技不斷在進步，人也要跟著進步！假若一個人，故步自封，不知道求新求變，那就跟不上時代，與人溝通時，會顯得講話沒內容；同樣的，美容商品不斷的推陳出新，假若我們沒有持續進修，如何迎接這個科技的年代呢？除此之外，勤能補拙，熟能生巧！身爲一位傑出的美容行銷人員，若想出人頭地，勤奮是不二法門。讓自己做個吸水海綿，不斷的充實知識、努力成長，保持高昂的鬥志，努力不懈！

基於以上幾點，我們總結了要成就優質行銷，必須做到的幾點特質：

1.克服顧客的拒絕

2.接受並處理顧客的抱怨

3.勇於接受挑戰

4.懂得創新、接受新觀念

5.尚勤奮有鬥志

F-3 以AIDA行銷法則攻心爲上

To Beat Into Someone's Heart As The AIDA Principles

爲了達成銷售，每個人都會使出渾身解數，希望能滿足顧客的需求！在此，我們引進國外非常著名的AIDA行銷法則，詳述消費者的心理大都是依循這四個心理狀態而成：

Attention引起注意 → Interest產生興趣 → Desire激發慾望 → Action採取行動

以上是一位消費者在採取實際購買行爲前必經的四大心理過程，取其縮寫就成了AIDA行銷法則。當我們將之應用在行銷實務上，必須理解其順向性，若本末倒置，弄錯方向，行銷將功虧一簣！以下就以淺顯的解說，配合美容行銷舉例，來詳細說明在每一階段行銷技巧的應用與消費者如何思考的互動。

引起消費者的注意(Attention)

在與陌生客戶做第一次接觸時，就要以吸引人的開場白來吸引對方注意力，讓消費者留下深刻的印象，並知道你可以達到他的需求，否則就算你口若懸河、滔滔不絕的介紹，顧客也是興趣缺缺。所以，要站在顧客的立場爲其著想，並適時的讚美，引導顧客說出問題，那我們就有機會提供服務了。

舉例說明：李小姐，您的皮膚眞是漂亮又有光澤呢！最近都有運動吧！但好像有少許的斑點有點可惜對了！最近公司新推出一組抗斑點的商品，您要不要試試？人或多或少都有好奇心，在聽聽也無妨的心理下，這時不自覺地，消費者因注意而產生了輕度的興趣！

轉換注意成興趣（Interest）

你必須在最短的時間，立刻把注意轉成興趣，才能順利的使消費者進入下一個心理狀態，而將消費者由注意導引至興趣階段時，可以利用圖片實證或是書面資料佐證，以增加其可信度。

承接上例：李小姐，我會建議這組商品是因爲它對您的皮膚很有幫助，除了能有效的抑制麥拉寧色素、促進微血管的新陳代謝、溶解已經形成的色素外，這是經過西德某某研發中心研發而成的，世界排名數一數二，很受消費者好評，您可以參考說明書。當消費者拿著資料聆聽介紹時，不知不覺他便走入了下個心理狀態——產生慾望！

慾望是十分重要的關卡（Desire）

或許因爲高明的銷售手段，所以離成功銷售的距離愈來愈近；也可能因爲說錯一句話，而愈來愈遠。這不可不愼！要創造慾望，必須在和消費者對談中，加入消費者可以相信且願意相信的事實或實證，例如以現有效果良好的顧客爲實例，引起對方的慾望。

承接上例：李小姐，我們店裡有個王太太，她就是使用這組商品！前些天還帶著小姑到這裡，並且還買了一組送給小姑。以課程商品爲例，你也可以選擇下列戰術：

1.贈送試用品，或是請消費者當場試作，親身體驗，瞭解自己多麼迫切需要此商品。
2.贈送該季節保養品的使用手冊，讓消費者知道商品需依季節天候的調整而有所不同。
3.利用光纖免費診療，找出皮膚問題，請其改善。
4.固定寄發營養小百科。與其我們苦口婆心，不如讓消費者藉由資料，看出自己的需求。也因為我們提供的專業知識，而信賴有加。

成功購買的行動（Action）

進行到這個階段，幾乎可以確定可成功地售出商品了！但還有一個比成交更值得注意的事——顧客滿意度！

顧客滿意度才是另一次銷售循環的開始。與消費者成交商品後，並不代表銷售的結束。假若沒辦法達成消費者對商品或售後服務的滿意，那銷售就眞的因此終止了！

一次成交後要做的事，是繼續的追蹤探訪，解決所有可能發生的問題。若能讓顧客眞正的滿意，那下一次的銷售當然就輕鬆多了，而且一個滿意的顧客，他的口耳相傳，勝過一張密密麻麻的宣傳單！顧客是企業的活廣告、活宣傳，這是很重要的！當顧客對企業產生忠誠度時，所獲得的可就不只一次成交的喜悅了！

有時候，我們會聽到銷售員直截了當的說：「您喜歡這個商品嗎？」這是不可取的銷售戰術，太急切的直接跳過前三個階段，只會讓消費者反彈，而改採防守的架勢，不願再打開心扉，聽你述說商品的優點！可悲的是，大部分的銷售員都是如此，當他們聽到消費者說“NO”時，還不知反省，錯了再錯！假若你像大部分的銷售員那樣盲目，怎能奢望順利成交？你甚至連讓顧客說“YES”的理由都沒給呢！

總而言之，銷售過程貴在於瞭解消費者的心理反應及心理需求，一位優秀的銷售人員更要好好的把握以上原則。

F-4　顧客六型揭密

To Expose Their Consuming Behavior That All Six Types Of Customers

消費者有許多類型，您知道該如何因應嗎？以下我們將形形色色的消費者區分爲六大類型，分別爲你解析他們在進行消費時的行爲及如何進行銷售說服，以完成成功銷售。

光看不買型

這類型的消費者通常很專注地聽您解說，並不時表示贊同，並且索取價格表和其他說明書，然後卻告訴您：「想買時，會主動和你聯絡！」通常這種消費者是聰明的影后影帝型，他先取得你的報價單和資料做爲工具，以便拿到你的競爭對手那裡，要求對方給他更低的成交價或是更好的交易條件。

遇上這類的消費者，您就該向他證明「現在就要馬上買，否則會後悔」！如果您辦不到這點，那也不能怪他不買了。所以，你可以向他提出一連串的問題，讓他答覆，甚至吸引他。面對這類型的消費者，必須營造出十萬火急的氣氛，你可以站在他的立場，想看看，馬上付訂金可以得到的好處？是享有較高的折扣，還是較多的贈品，或是其他可以吸引的理由。如此一來，才能掌握此類型的顧客。

舉例：我保證兩週內讓你臉上的面皰改善1/3，或是今天只要付訂1/3以上的費用，在月底以前結清費用，將可保有一切的折扣，並額外贈送試用包。

忿忿不平型

這類的消費者，一定曾經到過某沙龍公司，並且和他們有過不愉快的購買經驗。當你與他接觸時，他就迫不及待的開始抱怨、宣洩他的不滿，因為他正苦無機會訴苦。或許他會告訴你那家沙龍有多糟、產品品質有多差、美容師技術有多離譜，甚至敷衍了事，且被迫購買…等等。此時，你必須讓他將怨氣儘量發洩，但在事後，一定要安撫他的情緒，並且找出問題，瞭解他的皮膚狀況。更重要的一點，一定要讓他瞭解，他所遇到的不愉快經驗，在我方絕對不會發生！讓他能好好的安心消費。

沉默不語型

這類顧客會靜靜地聽你解說。不爭辯，也不贊同，只是坐在那裡，既沒有表情，也不表示意見，要打破他的矜持，可以先試試奉承他幾句，例如稱讚他的穿著時時髦、打扮合宜辦公室、或是他對事情的觀點…等。如果這一招行不通，試問一個能強迫他表示意見的問題，然後等他回答。

舉例：李小姐，這些療程及產品都是依你的狀況設計搭配的，如果沒問題，那請您付款，請問您付款方式是現金或是刷卡？

對你來說，這段等待他開口的時間，可能有如一世紀之久，然而這卻是令他不得不回答的問題了。要使沉默不語的顧客變成買主，就得用他的武器——沉默，來逼他，也就是強迫他參與做決定，以其人之道還制其人之身。

踢皮球型

這類的顧客，不論你說什麼，他都點頭如搗蒜，並且稱讚：你的設計很適合他、產品品質很棒、價錢很公道！但是他卻告訴你，他沒辦法擅自作主，因爲需要回去與家人商量，再作決定。此時，你必須先瞭解：

1.他個人是否同意你的產品和價格，而且覺得值得？

2.如果他不以爲然，你就繼續行銷到他同意爲止。

3.如果他的回是肯定的，卻又堅持必須由別人作主，那就詢問他：我什麼時候可以和你家人談一談。

要使踢皮球型的顧客變成消費者，可以請他的家人（例如：先生、父母）一起來諮詢，可以順便參觀公司設備，以使其家人放心並且滿意。

拖拖拉拉型

這類的顧客，老是遲遲不做決定，他聽你說，回答你的問題，但總是要你給他多點時間考慮看看。這項緩兵之計或許只是爲了掩飾他不想立即作決定的藉口。如果是這樣的話，用應付踢皮球型顧客的那套來應付他即可。如果你認爲他做得了主，就改採疏通法，使他易於下定決心。利用圖解，將各種決定的正、反兩面標示出來。列出確實的證據，向他說明爲何你要他做的抉擇對他最有利。並問他一些答案且一定是正面肯定的問題，那就更容易打動他的心了！要使拖拖拉拉型的顧客變成消費者，此誘因當然是讓他覺得所買的商品是物超所值的！

封閉型

封閉型的顧客，堅稱他已經習慣使用某品牌產品很久了，而且感到相當滿意！對這種顧客，可以問他類似以下的問題：對目前這個品牌，怎麼個滿意法？是價錢、品質、效果還是服務？仔細聽他的答覆，這其中總有他不滿意的地方。要使封閉型的顧客變成消費者，除了設法讓他告訴你上面的問題外，還要讓他瞭解，我們的商品，不管在品質、效果、價錢及使用量、使用方法上，都較其他的優秀。

擅於察言觀色，有能力處理顧客提出的所有疑難雜症問題，並且能積極培養自己在事業上的素養、保持高度的職業道德！那麼，你就是一位能辨是非、明事理，受人尊敬的優秀美容師了。

F-5 生意成交臨門一腳

The Last Point When You Are Getting A Business Almost

做生意的最後一道關卡，就是讓顧客點頭答應，而且付款，那這筆生意才算大功告成。

想要客戶掏錢出來，這一剎那，是相當艱難的！我們經常說這是最難進攻的最後一道防線！但是不要忘記，不論多難，回想前面花了多少精力、時間，做了多少努力，若是你不敢請客戶付款下單，那白花花的鈔票現金，怎麼可能自動送到你面前呢？

向前衝才能做英雄

想要做成生意，我們一定要掌握到以下幾點：第一，應假設對方很有需要，請求對方立刻做決定。第二，要有自信的精神與積極的態度，並且不斷告知此商品能帶來多大的好處與利益。第三，要隨時準備收費單、發票及刷卡單，如此才能保證水到渠成。

還有不要忘了Close often and hard，也就是請求對方做決定時，要不斷的進攻並且立場堅定，不要因爲試探幾次失敗了，就灰心！而Close when you answered objection！此句更是金科玉律、經典名言！當你回答對方提出的問題後，應立即請求付款。所謂機不可失，打鐵趁熱，一方面可以試探對方的反應，再來，說不定對方正好欣然接受呢。

把握成交時機的顧客感覺

當生意將成交的時候，顧客會有以下的一些感覺反應出現，身爲行銷人員千萬要抓住這重要的感覺訊息，即時讓生意成交。

當顧客點頭、微笑、眼神發亮時

我們經常說眼睛爲靈魂之窗。孟子說：「查其眸子，人焉叟哉」。都是在描述眼睛是表達感情的重要器官；而大部分的男士看到美女時，眼睛也都亮起來了！所以，當顧客對你的提議或解說開始點頭、眼神發亮，那就代表：這是你可以切入、促使他下決心的最佳時機！可要好好把握！

論及付款方式

當顧客詢問你：「除了付現、支票外，可以刷卡嗎？」，就表示他想買了，否則他不會問你付款方式。這時正是你請他買單的絕佳時機。例如：「陳先生，現在是塑膠貨幣的消費時代了，您當然可以刷卡消費，一來您可以先享受後付款，二來是等到您收到帳單時，相信臉部皮膚已經有大幅度的改善了。」

顧客開始注意或感興趣時

當顧客專注在你所展示的商品時，代表著他對這商品的效果或特點特別感興趣！此時，你若切入說：「這些效果及特點都是我們獨有的，而且限量銷售，您眞是好眼光，可不要錯失良機！先帶兩組吧！」此時，將可刺激他下決定購買。

堅持要談主要問題

此時的他並不是不買，而是主要的問題還沒讓他信服，還沒讓他安心。因此，只要解決他的疑慮，或是找出令他滿意的答案，將是最佳的切入良機。我們常用：「李小姐，我知道您關心的是效果問題，這樣好了，除了這些保養課程外，我們額外再送您價值6,000元的光纖皮膚檢測課程，及價值800元的超微波解垢課程；這麼優惠的條件，你應該可以安心的買了！」

是否有「有效的範例」

問這個問題更表示對方有意購買，但不願意當第一個試驗者，或是之前曾經有過不愉快的購買經驗。中國人一向很愛面子，花錢事小，但被騙上當才丟人，所以，當對方想瞭解可有實際範例時，是你展現實力的最佳時機。例如：「王小姐，您可以看看這些照片，都是公司的客人使用前與使用後的效果，有非常明顯的改善！若您想要確認，我們也可以請客人來跟您分享美好效果的經驗！」

成交五大絕招

二選一法

在成交的時候，最重要的是要有決心想奮力一試。所以，不要老是用開放式問法，你可以直接採閉鎖式問法。例如：「陳小姐，以您目前所考量的費用預算，您可以先帶一組產品回去使用，而護理課程可以先付訂金，把優惠方案保留下來，那就一舉兩得了。」以上述方法，顧客將二選一，不會茫無頭緒。

超級比一比法

在成交時，若能使用比較法，表示你的功夫到家了！例如：「林小姐，請您比較看看，現在購買相當於五折，若到下個月才買，只有八折，那是相當划不來的，請三思啊！」

暗示法

大部分的消費者都不喜歡別人開門見山，直接了當的問要不要買，因爲他們習慣自己做決定。因此，遇到這種人時，不妨用暗示法：「陳小姐，很多像您這種產後發胖的年輕少婦，都購買我們的減重療程，短短二個月，就讓他們的身材回復像少女時期般的玲瓏曲線，肌膚也變的緊緻有彈性，一點也看不出來是生過小孩的母親，在他返回職場的時候，精神更是意氣風發的不得了！」

加總法

小時候，經常在作文的最末一段，寫上一句話：「總而言之」、或「總之」的字眼，無非是要把所有的重點濃縮成精華的一段，來個震撼人心的完結篇。所以，在總結時，我們常用下列的「加」、「減」、「乘」、「除」法。

1.加法：把所有的好處都加起來，讓對方覺得這個產品實在是太好了，不買可惜。例如：「劉太太，除了我剛才舉過的例子以外，還有對面隆美布莊的老闆娘朱太太及他的三個女兒，都是我們的忠實顧客，有這麼一大堆的實證，就可以證明你的選擇是正確的。」

2.減法：把所有的拒絕和困難都一一消除，把對方的疑惑降到最低。例如：「劉太太，這個產品效果那麼明顯，您也看過實例了，若您擔心的是價格問題，你可以先帶兩瓶主要商品，等到下個月領錢時，再來帶其餘的兩瓶。」

3.乘法：把所有的效果乘起來，讓對方感受明顯的效果。

4.除法：把價錢除以單位成本，讓對方感到非常便宜。例如：「王小姐，只要您一天多花一元，就可擁有最高科技的保養品，總共每天只花五塊錢，卻可擁有吹彈可破、晶瑩剔透的肌膚，那是多麼美好且值得的啊！」

戴高帽法

只要是人，不管是高官貴族或是販夫走卒，都喜歡而且需要他人的肯定與讚美；但讚美切勿流於肉麻！例如：「老闆娘，依您的消費實力，實在沒有幾個人能與您相提並論，相信我們的課程設計，一定能符合您的需要，且可達到您的要求，也深信，我們的服務一定能讓您滿意。」

以上的種種行銷方法，希望你能體會，也希望你從中吸收到足夠的資訊，能八面玲瓏的與人打交道，將自己的理想順利的行銷出去，那你的成功就指日可待了！

G

顧客抱怨 化危機為轉機

How To Make A Crisis To Become A Turning Point At Complaint's Event

顧客抱怨若不及時處理，給予適當合理的解決，
將很容易埋下對品牌的殺傷力。
一位顧客抱怨所引發的負面影響，
往往是比開發數倍以上新顧客代價還來得大多了。
從顧客抱怨的預防、人員的服務基本信條、銷售語言的絕對禁忌、
到探討顧客抱怨的成因，如何化解等等，
都將讓你正確作好「化危機為轉機」消弭顧客抱怨！

G-1　預防顧客抱怨

To Prevent The Customer's Complaint To Happen

滿足每一個顧客，是美容服務業的最高境界。服務業的利潤主要來自於顧客的滿意，市場競爭日益激烈，消費者不但知道自己有權選擇，還有權得到最好的服務，以及更多的附加價值！也因此，在有一絲絲不是很高興的時候，就會產生各式各樣的抱怨聲。在這個時候，若沒有謹慎處理，那隨之而來的，將會是此起彼落的申訴案件。

有句話說的好極了，那就是：「預防勝於治療！」。假如可以預防，那何來抱怨聲呢？現在，就讓我們從「如何預防顧客抱怨的方法」談起。

瞭解並且滿足顧客的需求，但絕對不可承諾超出自己能力範圍

有些顧客會做出較無理的要求，例如，超量的贈送，或是無特殊狀況，但就是要求全額退費…等。這是絕對不合理的要求，

就像醫生無法保證他一次的處方箴就能醫好病人，是同樣的道理。接受顧客時，應清楚瞭解他的需求，並且在能力許可的範圍之內，對顧客做出明確的承諾，若有其他可能發生的狀況，也應明白清楚告知，不可讓顧客有模稜兩可且不知所從的感受。假若顧客在我們清楚的解說下，仍對公司的誠信和專業技術無法認同，或是缺乏信心，我們需再詳加解說，爭取顧客。如果他仍執意堅持已見，那不如就婉拒此顧客。

為顧客設身處地的著想

想要獲得顧客的贊同，最好的方式，就是站在他的立場來思考，針對他的需要，提出最適、最好的建議。那顧客自然就會心悅臣服的同意你所設計的內容了。

取得顧客的信賴

允諾顧客的事，一定要在期限之前完成；但若真的無法完成時，應主動告知顧客，並請顧客諒解，在這同時，更要給顧客一個明確的時間表，或是將以何種替代方案執行。

讓顧客充分瞭解

顧客有時是衝動購買，這種類型的顧客最容易事後反悔，所以，如果有這種狀況，應該在顧客購買後，馬上讓他充分瞭解所買的商品的好處、使用方法，以及讓他知道，他對於你所銷售的商品有絕對的選擇權，不會被強迫購買。

建立人員正確的服務觀念

想要有良好的服務品質，工作人員的「觀念」就非常的重要！我們「隨時」都要注意服務的素質是否符合以下的要求：

1. 售前服務：主動關心瞭解顧客的需求，並且提供正確的解說。
2. 售中服務：在銷售的過程，除了詳細解說，強調商品訴求外，還要建立客情，並且引發其購買動機。
3. 售後服務：我們都知道，成功的交易是能做好售後服務，才有源源不斷的下一筆交易！所以，我們不可得意洋洋，忽略了顧客的感受，要能主動並且定期的關心顧客，瞭解需求，才能眞正達到良好的互動關係。

建立人員以樂觀態度面對顧客的抱怨

位在第一線的服務人員，最容易因為顧客的抱怨，產生退卻的心理！所以，事前的教育比事後的修補重要多了。

每位顧客都是貴賓

給顧客的第一印象，很可能就是永久不變的印象。一旦我們給的壞印象，那就永遠無法挽回了！因此，你必須隨時保持專業形象，在對待每一位顧客時，都要當做是貴賓一般，不可厚此薄彼。如此一來，他們就是你的忠實顧客了！所以，身為服務人員我們一定要切記以下原則，「真摯而圓滑、容忍而有禮貌」、「機警應對、愉快對談、熱心服務」、「井然有序又守時、誠實又可靠」、「勤於提升專業素養，為顧客提供最好的服務」。

G-2 服務信條與銷售禁忌

The Servicing Tenets & The Forbidden Grounds On Selling

服務人員的基本信條

1.服務就是不怕麻煩。

2.客戶永遠有要求的權力。

3.有優質的服務才有優厚的利潤。

4.服務是一種誠實的態度。

5.服務是超乎顧客所預期的。

6.服務是設身處地爲顧客著想，並滿足顧客不同的需求。

7.服務就是以專業的知識解決顧客的問題。

8.服務就是重視顧客的反應並予以改進。

9.服務就是完全負起售後糾紛的責任。

10.對服務品質的考驗往往是一些最瑣碎、最細微枝節的事。

11.任何能讓顧客快樂的行爲措施都是服務的一部分。

12.直接有效地解決顧客的抱怨，並在最短的時間內解決。

13.把顧客的抱怨放在心上，避免重複犯錯。

14.服務是要給顧客賓至如歸的感覺，而不是形式上的客套禮遇。

15.服務是獲得顧客長期信賴，增加商業機會、提高營業額的不二法門。

16.服務是從實務中創造出來的。

17.一次負面評語，必須以十二次以上的正面評價來彌補。

服務人員絕對不可說的禁忌

1.對不起！這不是我負責的業務範圍

2.這又不是我的錯，而且當天也不是我負責的。

3.這是公司政策（規定），我幫不上忙。

4.對不起！我正在忙！你晚一點再來電。

G-3　如何化解顧客抱怨

How To Terminate Your Customer's Complaint To End

狀況來了！怎麼辦？服務業免不了總會遇上顧客抱怨，當客怨來的時候，怎麼辦呢？首先，我們要先瞭解顧客抱怨的原因，歸納出抱怨大概可分以下幾種：

覺得不被重視

服務人員說話的語氣、態度，有溝通的形式，但沒有溝通的效果。一味地以自己的想法處理顧客的問題。

對產品功能及使用方法不明瞭

未善盡銷售、服務之職，令顧客一知半解，無法充分明瞭商品特性。

銷售人員過度誇張效果，造成客戶期望落差

銷售時因爲過度保證或訴求誇大的療效，造成顧客在使用

後，因與預期差距過大而產生怨言。

顧客諮詢時未得到快速確切的回應

顧客有小問題向服務人員反應，但卻未獲立即的回應，顧客將所累積的不滿爆發出來，那將演變成激烈的客怨。

害怕權益會受損

顧客害怕權益受損，因而透過抱怨的方式，希望可以鞏固自己的權益。

面臨強迫中獎式銷售方式

銷售人員只懂一味的推銷商品，顧客在半推半就的狀況下接受並購買商品，使用之後因心生後悔而抱怨。

權利分界不明

消費後認爲未獲應有的服務及品質，對應得權利產生不滿及抱怨。

貪小便宜、藉抱怨之名行殺價之實

若沒有一定的價格，容易讓顧客以為會吵的孩子有糖吃，而以抱怨來換取更多的回饋。

對商品及課程缺乏信心

因為對課程不瞭解，所以產生懷疑，進而形成客怨。

當你充分瞭解顧客抱怨的原因後，緊接而來就是如何正確化解顧客抱怨的問題。讓消費的危機化為轉機，使顧客更加信賴我們品牌。我們建議以下的處理顧客抱怨方式，應該會是比較妥當的方式。

1. 注意傾聽，並且讓顧客知道你重視他的訴怨，而且樂意為他解決問題。
2. 不要急於回答或否定顧客的問題，更不要隨著顧客的情緒起舞、不要動氣。
3. 適時的詢問一些問題或小細節，好確認顧客抱怨的眞正原因。

4.慎重的表達歉意，並站在顧客的立場爲顧客著想。

5.告訴顧客您將如何替他解決問題，並詢問他是否滿意這樣的作法。

6.當顧客對我們提出無法達成的要求時，要以懇切的態度請他諒解並提出其他的解決方案。

以正確的態度處理顧客抱怨，是件重要的事。這將決定了是否可以成功地將即將流失的消費者變成死忠的顧客。

所以，在處理顧客抱怨時，你要認眞思考以下的態度：

1.要以最認眞的態度聽取顧客的抱怨。

2.千萬別把顧客當皮球一樣踢來踢去。

3.聽取抱怨後，要針對讓顧客產生怨言的產品，再仔細的解說一次。

4.對症下藥瞭解顧客要的是什麼。

5.儘量避免退費，以誠懇商求的方式，請消費者繼續接受或改以更換商品方式。

6.迅速確實的解決顧客抱怨，以免擴大事端。

G-4　客怨化解實例模擬

The Case Study Which Terminating Complaint

案例1

顧客進行保養課程時，需要再自費購買搭配的產品，以配合課程療效。但在銷售課程時，銷售人員並未表達清楚，因此引發顧客不滿。然而，相關人員在不知情的狀況下，仍繼續以Push的方式進行課程，使得顧客相當不悅，產生客怨申訴事件。這時，你該怎麼做？

→這時候，要以行動表示誠意，你可以贈送花束，並且附上寫滿道歉字語的卡片，溫暖安撫顧客的心。同時告知爲何後續保養品需自行購買的原因，例如可能因爲其皮膚問題，需藉由公司專業技術及特殊儀器輔助，才能達到改善的效果，而居家商品的使用，能爲其加分，使改善效果更爲明顯。並再一次爲我方人員未明白表示清楚就進行商品或課程的push，引發顧客不悅之事，慎重再次道歉。

案例2

顧客按預約時間到店，然而店內人員正忙碌中。因而延遲四十分鐘服務，而引發顧客憤而離去的客訴抱怨事件。這時，你該怎麼做？

→立即去電致歉，並表明已因失職自請處分。另外，讓顧客知道由於作業疏失而失去她這樣好的顧客，使你內心相當愧疚。請她撥空來店讓你爲她服務。以誠心打動芳心，此後可請她再爲我們介紹更多服務的機會。

案例3

預約的顧客如果遲到，但卻堅持要進行課程。你該怎麼做？

→此時公司的管理幹部應立即出面協調，並且圓滑的告訴他，因爲他遲到了，在不影響下一位已預約的顧客時間，若仍堅持要進行課程，只好縮短此次服務時間。如此，可提醒他下次準時到。此時，應好好招呼，並且儘快爲他服務。

I Love Beautiful Work

附錄

美容營業問與答智庫

員工管理問題類

〔問題1〕員工反應爲何要加班？

解析：美容工作因屬服務業，本質即是以提供顧客最完美的服務，滿足顧客爲最高宗旨。雖美容店每天的營業服務時間是有固定時段的，但顧客總有在非營業時段之外的配合需求，因此提早或延長時間加班來服務顧客，也是服務業本應滿足顧客需求的職責。而公司對於配合顧客時段需求的加班員工，除了誠心的感謝外，也在實質上給予加班津貼，這就是公司充分體恤員工的具體表現。同時配合加班輪值制度，來公平均等每位同仁在營業外時間加班的機會，也是公司賦於每位員工高度責任感，凝聚同仁向心力，共同爲顧客創造極緻完美的服務口碑之良好美意。而唯有顧客感受並肯定我們完全配合時段要求的服務美意之後，顧客才會回饋以持續不斷的續購意願。如此對員工而言，也會是增加業務開發的絕佳機會。

〔問題2〕美容店爲何要服務男性顧客？

解析：依美容行銷數據顯示，臉部護膚課程的購買需求，幾乎占了美容店服務的60%以上，而肌膚問題的困擾自然是不分男女都會有的。身爲專業的美容師應以嚴謹的態度來看待男性顧客的臉部課程需求，這就跟男性婦產科醫師在看診時毫無聯想一樣，是專業的職責展現。因此當我們在處理男性顧客的臉部課程時，不應有性別之分。只要我們掌握以下的服務須知，相信必然可以贏得男性顧客的絕對尊重。

1.與男性顧客的對話內容不脫離專業。
2.美容操作空間如爲個人隔間式，房門不應關上。
3.進行臉部課程的操作，除了雙手必要的操作接觸外，注意身體與顧客保持一定距離，避免不必要的聯想。
4.當美容師在處理男性顧客的臉部課程時，身爲主管應經常加以巡查留意，讓顧客正確理解我們純正的服務。

〔問題3〕公司爲何要有考核？

解析：美容工作乃一專業技術性工作，其技能與專業知識皆需時間經驗來逐步累積。身爲美容專業從業人員，必須建立起自己的專業感，才能在這行業裡出人頭地。因此公司制定許多考核制度，定期或不定期安排在職訓練、升等考核、技術考核，即在幫助同仁充實專業，讓同仁瞭解本身的專業程度與加強補強己身技能不足的地方。透過此嚴謹的專業評定方式，不但我們對顧客維持了一定水準的服務品質外，相對的也幫助了個人不斷向專業精進再精進。

〔問題4〕美容工作爲何還需負責發DM傳單？

解析：美容店會請美容師利用服務空檔時間來進行DM傳單發放，其用意在於增加客源並爲美容師帶來績效收益。雖然不論美容店規模大小，一般均會有提撥廣告文宣費用，進行宣傳以幫助店裡增加客源。當然DM傳單發放也可委託外面的工讀生來做，但由美容師親自來發放與透過工讀生發放，兩者所帶來的效果有如天壤之別。如果我們試著從消費者的角度來看，由一位穿著代表專業的公司制服，臉上笑容可掬十分親切的將傳單發到妳手上，在妳有問題時還可即時提供專業的解說。這樣的顧客感受，與妳從呆板的報紙文宣中接受到夾帶的傳單訊息，或由工讀生單調少了親切感與專業感所發送DM傳單，兩者的感受與信賴感，妳會樂於接受何者？答案自然是由美容師手中接到的DM傳單，其回應效率必然較高。因此請美容師來負責DM傳單發送，其最終帶給美容師本身的業績絕對是正面的，因此身爲美容師何樂而不爲呢！

〔問題5〕在連鎖美容公司上班爲什麼需要經常調動？

解析：太頻繁的調動會讓人難以適從，但適度的變動卻可以帶來更多的學習機會與刺激同事間互動的新鮮。當一個人在同一個工作環境待久了，很容易遇到工作瓶頸難以突破，而人際關係也會因彼此太熟悉了而出現問題。透過適時的調動，不但可以經由不同的人事物而有更多的學習機會，更可爲停滯不前的自己帶來一個嶄新的開始。這難得的工作學習機會，讓妳在年資可以累積，又不必重新找工作的絕佳條件下，可以到不同的分店接觸不同地域屬性的顧客，並有跟多位主管學習各自的長處，如此的機會是何等幸運啊！因此我們建議，身爲美容師，應趁年輕時多給自己一些拓展視野與人脈關係的機會。

〔問題6〕爲何事假不能在連續假期前後申請呢？

解析：以美容營業特性而言，通常在連續假期前後的顧客量會明顯增加。公司若准在連續假期前後的事假，不但會使服務同仁的調度失衡，同時也會影響對顧客的服務品質。因此爲求公平、公正、公開之人事制度，所以不准其連續假期前後的事假，是有其必要的。

〔問題7〕*爲何需要回訪顧客？*

解析：美容服務是包涵了專業諮詢、課程技術服務、及售後服務非常專精的服務工作。而通常美容店皆採預先收費制度，課程的保養效果如何，往往跟顧客是否有持續來店接受我們安排的課程有絕大的關係。因此身爲美容師，定期透過電話回訪提醒顧客按時回店保養，讓顧客感受到我們關心她的美麗，這也是屬於我們專業責任的一環。相信任誰都不願意花了錢卻感受不到保養的效果！唯有透過回訪來確保我們服務的效果口碑，才能留得住客人的心，爲公司爲自己爭取最大的行銷成就。

〔問題8〕*連鎖美容公司的美容手法與技術爲何要統一制式化？*

解析：對美容服務而言，顧客的保養成效是決定企業是否能永續經營的重要關鍵。公司要求所有課程操作手法與技術統一制式化，用意在於讓每位同仁在服務衆多顧客中，人人皆可肩負起輪流管理的責任，使每個服務流程流暢化，以確保服務不斷層，服務高效率化。要達成如此流暢而有效的保養操作，需要統一制度化的操作流程來作管理。如此才可確保課程保養效果的發揮，而同仁間也可藉此培養出高度的互助合作性，以凝聚向心力。

〔問題9〕員工業績不佳時應如何有效管理？

解析：可藉由個人業績競賽或團體競賽的方式，來激勵員工重視榮譽感，讓每位員工感受到「業績」人人皆負有責任。以此由個人積極參與團隊的目標管理，最能激勵員工士氣，讓每位成員爲團隊的榮耀與目標，全員動起來，如此將可大大改善低靡的業績狀況。

〔問題10〕當員工將客戶獨占己有、搶業績時應如何處理？

解析：因員工將客戶獨占己有，搶業績所導至的勾心鬥角現象，很容易侵蝕公司經營的根基，所導至的人事分裂也會直接影響到對顧客服務的品質。身爲經營者必須加以防範。我們建議身爲主管應以下列方法來預防員工將客戶獨占己有搶業績的情形。

1.服務顧客應採輪流管理的方式，讓員工掌握顧客的機會均等化，以防止員工帶走顧客或員工私下與顧客進行利益交換等不當情形發生。

2.可針對較容易接受輪流服務的顧客安排輪流管理，而較不易接受輪流服務的顧客可待較適當時機再作調整。必要時可由店主管親自與顧客溝通。

3.爲預防客戶指定特定人員服務的現象發生，應採美容手法與技術統一制式化的標準作業流程制度，以避免某些特定美容師因服務頻率過繁而減失應有的服務品質。

4.美容手法與技術統一制式化的好處是，當原先服務這位顧客的員工休假時，其他美容師也可依顧客的療程卡記錄及以往的服務經驗，立即補位給予顧客與原先一致水準的服務，如此將可大大預防人員異動顧客也跟著流失的遺憾發生。

〔問題11〕員工因績效好而有恃無恐時應如何處理？

解析：防止員工過度自大，是一種平衡管理拿捏的藝術。對於表現比較好的，需要給予獎勵；表現差的，需要給予鼓勵。但當遇到表現傑出的員工卻藉此邀功予取予求時，可賦於對方更高標準的業績目標，或將業績達成的期間縮短來化解此一壓力。當然亦可藉由聚餐、團體活動讓這種個人績效轉化爲團體的績效，以帶動整體業績的成長。

〔問題12〕當員工與顧客起爭執時，應如何處理？

解析：當發現員工與美容師起爭執時，身爲主管應先制止員工，將之請到其他隔間（如店長室），千萬不可讓此爭端影響到現場的其他顧客。不論誰是誰非，都應由員工先向顧客道歉。記住！顧客永遠是對的，先處理情緒，再處理問題。

若員工拒絕，應由主管先行代替員工道歉再進行後續了解。遇此狀況，當店長可以在第一時間掌握狀況是最好不過了。若不能即時化解，其後續的處理也應由該美容師的直屬主管協調處理。另外在協調雙方的爭議點時，應力求達到讓雙方誤會冰釋，以消弭顧客心中潛伏或由此延伸的後續負面影響。作安撫調解時，應以和爲貴，在爭議中找出共同點，以拉近雙方立場的距離，再加以分析找到雙方皆可接受的公平處理方式。當事件告一段落時，可將此案例在晨會時作機會教育，讓員工知道下次再遇此狀況時該如何應對，以防範因類似的服務爭執，而影響到公司的服務聲譽。

〔問題13〕當員工爲了迎合諂媚顧客，而私自延長服務時間時，怎麼辦？

解析：可透過顧客預約制的管理，在每日的晨會就預先作好每人服務進度的調配。並於現場督導時，適時提醒服務時間的掌握，以節制員工爲了迎合諂媚顧客，而私自延長服務時間。對於違規者，應有適當的制度來作制約。並應透過溝通，讓員工瞭解如此將對個人與團隊工作造成不當的影響。

〔問題14〕員工太依賴店主管協助作業績，該如何處理？

解析：當你的員工太依賴你來協助作業績，就無法提升她個人的能力。身爲主管者會變成老牛拖車，因而導至管理失衡。當遇此現象發生時，店主管可以站在較客觀的立場，鼓勵她自我要求、自我成長。另外也可採取兩人一組的業績互助方式，透過各小組間的良性競爭來激勵業績，並提撥適度的店內公益金來作爲獎勵金。但若是由於個人能力的問題，則應由店主管耐心的作個別的輔導與培訓。

〔問題15〕當員工跟妳反應貪小便宜的「奧客」太多時，妳應如何處理？

解析：首先你必須給員工建立一個正確的行銷觀念，所有成交的顧客都是經過「奧客」這關才會成立的。當員工常會爲生意無法成交而歸究到全是碰到一群「奧客」所致，你就必須清楚這是人喜歡爲挫折找理由之故。明智之舉是將生意不能成交的失敗原因找出來：

1.顧客對課程效果的疑問。
2.顧客對課程期間的疑問。
3.顧客對我們服務技術的擔心。
4.顧客對課程安全感缺乏信心。

5.顧客對課程價格的問題。

6.顧客習慣性的喜歡貪小便宜。

當你找出生意不能成交的原因後，再針對失敗原因，研擬克服的方法，修正銷售話術及態度。並站在對方的立場想一想，或許當妳能將心比心之後，妳會找到更能打動顧客芳心的竅門，讓生意成交。

國家圖書館出版品預行編目

完美事業經營聖典：完美女人在美容業找到一生的成就 / 完美主義經營團隊編著. --初版. --臺北市 ：揚智文化，2002[民91]
冊 ； 公分. -- (美容叢書；8-9)
ISBN 957-818-460-3(上冊：精裝). - ISBN 957-818-461-1(下冊：精裝)
1.美容業
489.12 91019944

完美事業經營聖典—

完美女人在美容業找到一生的成就（下冊） 美容叢書9

編 著 者☞ 完美主義經營團隊
出 版 者☞ 揚智文化事業股份有限公司
發 行 人☞ 葉忠賢
總 編 輯☞ 林新倫
副總編輯☞ 賴筱彌
執行編輯☞ 黃美雯 林智玲
美術編輯☞ 黃威翔 李宏照
登 記 證☞ 局版北市業字第1117號
地　　址☞ 台北市新生南路三段88號5樓之6
電　　話☞ （02）23660309
傳　　眞☞ （02）23660310
郵政劃撥☞ 14534976
帳　　戶☞ 揚智文化事業股份有限公司
法律顧問☞ 北辰著作權事務所 蕭雄淋律師
印　　刷☞ 鼎易印刷事業股份有限公司
初版一刷☞ 2002年12月
I S B N☞ 957-818-461-1
定　　價☞ 新台幣500元
網　　址☞ http://www.ycrc.com.tw
E-mail☞ book3@ycrc.com.tw

完美主義美研館中國事業處總經理
林玉鈴
超過十四年以上的美容資歷
在美容各專業領域均有非常嫻熟獨到的才華
1995年與完美主義美容集團總經理趙瑞小姐
在台灣共同創立完美主義美研館
2002年派駐中國事業處
總攬完美主義在中國的經營事務

完美主義美研館管理處協理
洪琪美
投入美容業已有十二年資深資歷
縱跨營業、教學、加盟、行政管理
各領域
可幫助加盟店強化經營體質提高利潤

完美主義美研館展業處總監
范申樺
十二年資深美容資歷
精研於美容理論與技術實務
熟捻店務、人事領導、美容行銷
可提供加盟店對於展業的全方位諮詢
是完美主義台灣市場的經營核心

完美主義美研館教學部經理
王嘉甄
投身於美容教學領域有相當多年資歷
精研於皮膚生理、化妝品科學、
經絡療法、全方位美容技法等等
可提供加盟店最佳的教育諮詢支援

完美主義美研館營訓處協理
彭麗霖
十幾年以上的資深美容資歷
專精於美容的行銷企劃、顧客服務
與店務總攬，是位資深的美容全才
可提供加盟店最好的
客服Know-How以提升服務品質

完美主義美研館行政部副理
余欣燁
精研於企業經營管理
舉凡公司規章制度、人事庶務、
行政法規、財務管理
等等皆有非常資深的歷練
可提供加盟店在行政作業上最佳的諮詢

完美主義美研館業務部經理
何佩如
從知名美容連鎖機構轉戰完美主義
美容資歷超過十四年
非常專精於店務的帶動
擅長激勵員工的士氣
幫助加盟店創造高業績